从想象到现实：
3D 打印与产品设计研究

李奉泽　著

中国戏剧出版社

图书在版编目（CIP）数据

从想象到现实：3D 打印与产品设计研究 / 李奉泽著 . --
北京：中国戏剧出版社，2022.10
ISBN 978-7-104-05209-8

Ⅰ.①从… Ⅱ.①李… Ⅲ.①快速成型技术—研究②
产品设计—研究 Ⅳ.① TB4

中国版本图书馆 CIP 数据核字 (2022) 第 056152 号

从想象到现实：
3D 打印与产品设计研究

责任编辑：邢俊华
责任印制：冯志强

出版发行：中国戏剧出版社
出 版 人：樊国宾
社　　址：北京市西城区天宁寺前街 2 号国家音乐产业基地 L 座
邮　　编：100055
网　　址：www. theatrebook. cn
电　　话：010-63385980（总编室）　010-63381560（发行部）
传　　真：010-63381560

读者服务：010-63381560
邮购地址：北京市西城区天宁寺前街 2 号国家音乐产业基地 L 座

印　　刷：天津和萱印刷有限公司
开　　本：787mm×1092mm 1 / 16
印　　张：12.5
字　　数：223 千字
版　　次：2022 年 10 月　北京第 1 版第 1 次印刷
书　　号：ISBN 978-7-104-05209-8
定　　价：72.00 元

前 言

　　每一次工业革命都给人类文明带来了巨大的改变。作为开启"第四次工业革命"序幕的 3D 打印技术，自研发推广以来，就被认为是可以改变甚至颠覆传统制造业的技术，这项技术进一步推动了工业制造从"制造"到"智造"的转变。如今，3D 打印技术应用广泛、发展势头迅猛，也带来了相关行业的快速发展以及相关职业选择的多元化。人工智能是指机器像人一样拥有智能能力，是一门融合计算机科学、统计学、脑神经学和社会科学的前沿综合学科，可以代替人类实现识别、认知、分析和决策等多种功能。随着科技的进步，3D 打印技术逐渐在智能产品设计制造中得到应用。本书将围绕 3D 打印技术与人工智能产品设计展开阐述。

　　本书第一章为 3D 打印技术概述，主要从四个方面进行了论述，依次是 3D 打印技术的相关概念及现状、3D 打印技术的历史、3D 打印技术的科学用途、3D 打印技术的展望；第二章为 3D 打印流程，主要从四个方面进行了论述，依次是 3D 打印机概述、3D 模型的制作与打印过程、3D 打印材料的选择、3D 打印机的使用实例；第三章为 3D 打印技术的应用现状，依次介绍了四个方面的内容，分别是 3D 打印技术在航天工业中的应用、3D 打印技术在医学中的应用、3D 打印技术在机械制造业中的应用、3D 打印在教育教学中的应用；第四章为 3D 打印产品的设计，介绍了四个方面的内容，依次是 3D 打印中的设计问题、3D 打印与传统原型设计、3D 打印在产品设计中的应用价值、3D 打印技术与优化设计；第五章为人工智能的发展与产品设计，主要介绍了四个方面的内容，分别是对人工智能的正确认识、人工智能对社会的影响、"以人为本"的智能产品设计、人工智能的未来；第六章为 3D 打印技术在智能产品设计制造中的应用案例，主要介绍了三个案例，分别是"六边形无人机"案例、"木牛流马"案例、"外来物种"案例。

在撰写本书的过程中，笔者得到了许多专家学者的帮助和指导，参考了大量的学术文献，在此表示真诚的感谢。笔者水平有限，书中难免会有疏漏之处，希望广大同行及时指正。

李奉泽

2022 年 5 月

目 录

第一章　3D 打印技术概述

本章为 3D 打印技术概述，主要从 3D 打印技术的相关概念及现状、3D 打印技术的历史、3D 打印技术的科学用途、3D 打印技术的展望四个方面进行了论述。

第一节　3D 打印技术的相关概念及现状

一、3D 打印技术

关于 3D 打印技术的宣传可谓铺天盖地，因为 3D 打印技术未来极有可能在全世界引领一次制造业的文艺复兴，也是这一技术的出现，使得每个人都有可能在家进行一系列产品的设计、制造。在很多领域中，3D 打印技术正在真正地创造革命性的变化，特别在设计与新产品原型开发、艺术品创作，以及抽象概念可视化等方面。

从概念上来讲，3D 打印技术是非常容易理解的。一个打印物品是从零开始创建，通过每轮打印添加一层材料的方式实现，直到作品完成。

3D 打印是一种高速发展并被集成到制造业和我们日常生活中的技术，在商业中广为人知，也被叫作不同的名称，如快速成型（Rapid Prototyping，RP）、分层制造（Layered Manufacturing，LM）和实体自由制造（Solid Free Fabrication，SFF）等。3D 打印是直接通过计算机辅助设计实现三维设计，并且不需要任何特定零件工具或模具的一种成型方法。简单说来，3D 打印机就是能够打印立体化结构物的机器。将原料喷洒到必要的位置，层层累积出用户希望得到的物体。为了将原料准确喷洒到相应的位置，除一般喷墨打印机中用到的 X 轴（前、后）和 Y 轴（左、右）之外，还需要在 Z 轴（高度）上进行移动。用 X 轴和 Y 轴打印一层构造物，之后沿 Z 轴方向上移一个单位，并开始打印第二层（图 1-1-1）。此时每个层称为 Layer，各层的高度都非常小，所以若想得到一个完整的物件，就需要打印大量的层。3D 打印机的打印时间较长也是因为这一原因。

① X轴：横向移动
② Y轴：纵向移动
③ Z轴：上下移动

图 1-1-1　3D 打印机

3D 打印不仅是一个可以用来制作个性化新颖物品或原型的工艺，而且伴随着 3D 打印技术的新发展，可以实现工业化快速制造多种产品的目标，并使人们可以设计和创造新的产品。3D 打印时代的到来将促使众多产品的制造过程发生改变，同时将创造出用户和制造商互动的新风格。集成的 3D 打印工艺有助于人们几乎在任何地方都可以参与设计过程，且可促使本地化工程打破壁垒而上升到一种国际化的规模。正如互联网赋予我们在任何位置传播和访问信息的能力一样，数字化设计和计算机辅助设计本质上使人们可以从任何地方开展、修改和评价设计，因此 3D 打印的设计几乎可以从任何地方产生和测试，而且仅需要很少的时间。3D 打印设备的能力超过了计算机辅助设计的能力，这使得零件设计和可视化显得比其制造更为困难。作为一种伴随计算机辅助设计而发展起来的新工艺，3D 打印设备的性能和功能都在提升，那么一个产品的设计过程将从仅仅是由成熟的工程师创造，转变为消费者和制造商一起创造，从而使得所设计的产品在世界各地被快速地制造出来。

目前 3D 打印的繁荣景象确实是许多技术与成熟工艺的融合与发展而带来的结果，它们使得 3D 打印技术能够被公众使用。

二、大自然的 3D 打印技术

3D 打印看起来是一种高大上的先进技术，但是很多微生物在很久以前就已经在做着类似的事情。比如，许多天然的 3D 打印机，包括软体动物生成的贝壳（图 1-1-2），随着它们体型的增大，软体动物开始在它们贝壳的外部添加碳酸钙，以给予生物的生长所需的更大的内部空间。如果我们仔细观察海贝贝壳的话，我们就会看见其上的生长曲线。

图 1-1-2　贝类为天然"3D 打印"出来的产品

当贝壳生长线变得越长和越宽，外壳就会变得更薄。虽然外壳是由动物环境中的物质分泌和凝结形成的，而不是由我们的 3D 打印机的喷嘴喷射生成的，但其结果与 3D 打印却有异曲同工之妙。

又如，在甘肃敦煌雅丹国家地质公园有很多岩石是通过古海洋淤泥累积形成的，最后我们看到的砂岩是已经被风雨侵蚀、被植被改造过的样子。如图 1-1-3 所示，岩石就是经历过初期材料一层一层的积累，然后被自然因素进行了一定程度的侵蚀。

图 1-1-3　甘肃敦煌雅丹国家地质公园的自然"3D 打印"案例

三、传统增材制造技术

3D 打印技术本质上是一种增材制造技术。增材制造也是从零开始，然后在某种构造平台上一层一层地叠加材料，最终一部分一部分地完成产品的制造。很多传统的制造技术在制造过程中往往会伴随着材料损失。这意味着制造往往会从一块原始材料（一块金属或者木头）开始，接着开始对其进行雕琢，直到这块材料变成我们希望的样子结束。如图 1-1-3 所示，岩石的形成就类似于此。

有些增材制造技术的发展已经停滞很久了，最简单的例子就是砖墙的堆砌。一面砖墙每次叠加一块墙砖，墙砖上添加一些水泥，只需要遵循建筑师或者工程师的计划进行，或者可能只需要实现甲方的要求。这些工作做起来是非常流畅的。3D 打印中所有的步骤都能够在搭建砖墙中找到对应点：设计一个目标产品，有规划地添加材料层，以防止结构损坏，然后一层一层地实现最终想要的产品。3D 打印机只是将这些操作步骤加入智能控制中，然后每次搭建一层物品。

四、3D 打印技术的优势

（一）随心所欲地进行设计

3D 打印技术将对不同行业的很多商品的制造过程产生深远的影响。其优点包括拥有制造以往不能制造的零件的能力。3D 打印技术可以全流程加工制造出一个完整的零件，且不需要多种设备和工序。这种工艺可以有效地制造出使用其他方法非常困难、昂贵或不可能制造的复杂几何形状产品。这使得设计师在设计零件的时候拥有更多的自由。很多时候，现有的加工工艺往往不能满足最优化的设计要求，除了要求零件的体积必须要与设备的空间相适应外，是存在上述障碍的。而对于 3D 打印技术来说，设计师仅仅需要对零部件进行设计，零部件便可以按其应用要求进行安装和运行。

（二）降低生产成本和节能环保

以 3D 打印为代表的智能制造模式，正在改变人们生产与生活的模式，其优势体现在以下几个方面。

1. 复杂产品制造的成本优势

传统制造业生产复杂几何形状的部件，在一定程度上受制于所使用的工具，部件形状越复杂，其工艺要求越高。对于 3D 打印而言，制作同样体积简单或复杂的部件，其生产工艺难易程度并没有什么区别，均是采用逐层堆积打印的方式再现实体，仅仅是材料空间位置分布不同而已。显然，3D 打印赋予了设计者更广阔的想象空间。由于减少了对设备的依赖，所以设计理念决定商品价值属性的作用更突出，这无疑将打破现有传统的定价模式，并改变计算制造成本的方式。

2. 个性化定制

随着互联网工业化的进一步发展，网络云服务平台与智能化生产系统形成了新的结合，按需打印这种新的商业模式成为可能。用户可以根据自己的需求，在有限的选择内通过无限组合完成个性化定制的需要。而且在满足用户个性化需求上，3D 打印能在产品开发过程的起始阶段，以优化成本效益的方式去完成多次迭代设计，及时获取产品设计的反馈信息，加快产品生产的流程。

3. 简化生产流程

现代工业设计中，一件成型的产品通常由多个部件组成，传统制造需要通过组装实现产品的生产。构成产品的部件越多，组装消耗的时间就越多，成本也就越高。而 3D 打印实现复杂部件的一体化成型，简化了生产流程，缩短了供应链。随着复合材料 3D 打印技术的发展，在此基础上还可以实现不同原材料的同时打印及一体化成型。

4. 节能环保

传统制造业采用的建材制造方法使不少原材料并未参与成品，需要通过其他工艺回收再次利用，造成实际原材料利用效率低的问题。而 3D 打印没有这方面的顾虑，同时也减少了污染性副产品的产生。

（三）在制造业中的灵活性

3D 打印技术如此有优势的另一关键原因在于它在零件制造过程中的灵活性。

人们如果发现正在制作的零件设计有缺陷，或还有可以优化其使用性能的改变，便可以瞬间做出调整。对于许多传统的制造方法来说，这可能是十分困难的。例如，在铸造过程中，一旦选定一种昂贵的模具，即便设计师发现零件设计可以再优化，为了控制成本也能更改模具了。这也就是 3D 打印最初被称为能够"快速成型"的原因之一。

因为拥有制造实时备件的能力，3D 打印技术现在已经可以作为一种强大的技术用来进行工业生产。如此，按需生产便更易于实施。如果一个设计师想要尝试新的项目，或顾客想要定制款的零件，3D 打印可以在不中断正常生产流程的情况下很容易地将其制造出来。

（四）可增强材料的性能

现阶段的 3D 打印技术适用于许多不同的材料，如各种塑料、金属、陶瓷及其复合材料。材料的类型取决于 3D 打印工艺的种类。最受欢迎的材料是塑料，因为人们对于塑料的研究最多，时间最长。研究人员正在寻找合适的工艺方法，通过这种工艺方法来改变材料和它们的使用性能。一些新的自由成型制造技术可以连接诸如陶瓷和金属材料，创造出能够改善磨损性能的复合材料。3D 打印技术也可以被用来在金属基体表面喷涂陶瓷涂层，以增加材料的阻热和耐磨性。3D 打印技术开始被应用的另一种工艺是修复破损的零件和结构。当一种材料断裂或有了磨损，3D 打印设备只需添加材料修补或把断裂的两个部分连接在一起即可，而不需要更换破损的零件或结构，这一工艺过程被称为激光熔覆（Laser Cladding，LC），可以降低那些需要经常更换某些零件或结构的行业的维护成本。这表明 3D 打印工艺的优势不仅是能制作复杂几何形状的零件，而且可以通过优化材料的性能使最终完成的零件更优质，另外还能够修复损坏的零件。

五、3D 打印技术现状

（一）在生活中的应用

如今，3D 可用于许多新材料，如液体、粉末、塑料线、金属、砂子、纸张、巧克力、人类干细胞等的打印，它还可以打印人体器官仿真模型、人体骨骼、人造牙齿的梳子、新鲜食物和武器等。

（二）3D 打印的作用

借助智能识别设备，3D 打印机可以监控生产行为并实时控制打印过程，例如随时检查产品的质量和强度，然后根据反馈数据随时进行更改。例如，可以打印专为糖尿病患者设计的产品，以控制带有小型皮肤植入物的患者的血糖，并印刷适合患者各种身体状况的日常食品。

（三）3D 打印技术当前的困境

1. 消耗品的成本高

在现代 3D 打印中，不可避免地要使用耗材。但是，当我们需要创建具有复杂结构和不平坦表面的对象时，3D 打印机通常不得不使用大量额外的材料。这种情况下会显著增加生产成本并降低生产效率。考虑到这一点，研究者建议引入五轴处理技术，这样打印机就可以不受限制地进行打印，并且可以充分利用旋转和铣削技术减少消耗品。

2. 限制性打印问题

（1）工艺自身限制

3D 打印是通过逐层叠加材料的方式来制作模型的，所以也叫增材制造。这种制造方法有一个不好的地方就是会像盖房子一样，每层都会留下明显的痕迹。

（2）材料限制

打印材料是制约 3D 打印发展的关键因素。工业级 3D 打印机可以用金属或陶瓷打印，但这些材料都比较昂贵和稀缺。桌面级 3D 打印机只能用塑料、树脂等材料打印，材料还很有限，日常生活中我们见到的很多材料都还无法用来打印。

3. 设计工具不够优化

3D 打印要求开发和广泛运用计算机辅助设计（CAD）工具。对于功能部件制造，需要新的工具来优化其形状和材料性能，以最大化地减少材料使用和重量。针对非专业人员，需要开发出易于操作的设计工具，来进行产品设计。

4. 可用材料范围窄

对于 3D 打印来说，目前可用的原料还不多，正逐步从树脂、塑料扩展到陶瓷、金属，乃至最新的金、银以及强度极高的钛和不锈钢等材料。未来，仍然需要开发更多的材料，并深入研究材料的加工、结构、属性之间关系，明确材料的优点和局限性，为材料提供规范性标准。

5. 缺乏工艺控制

为提高连贯性、重复性和统一性，需要建立装备认证标准，并对生产过程进行内部监控和闭环反馈，如通过传感器提供无损性评估与早期缺陷检测，通过流程控制减少设备故障。为更好地了解、预测材料性能和零部件功能特性，需要建立预测性模型，使设计师、工程师和用户能够估计零部件的功能特性，并通过调整设计达到预期效果。

6. 监管力度不够

利用 3D 打印，犯罪分子可能下载枪支设计软件，私下制作枪支，而且非金属材料的枪支很容易隐藏，可以躲过金属探测器。又如，3D 打印的汽车方向盘如果在交通事故中失效，将很难确定事故中的责任方，这是因为失效可能是设计不足、制造不当、材料甚至是安装所引起的。此外，如果将 3D 打印技术用于生产人体的肾脏等器官、婴儿模型等，还将涉及社会道德和伦理问题。

3D 打印暂时还不可能替代传统的制造技术，只是一个补充。总之，3D 打印发展初期要靠国家相关部门来统筹布局、合理安排，不能一哄而上，在有技术、人才资源、市场基础的地方先行先试，根据效果进行推广。如在航空航天、汽车制造、生物医疗等领域开展一些示范，在示范的过程中制定相关行业标准，积累发展经验。

第二节　3D 打印技术的历史

一、3D 打印的开始

3D 打印的起源可以追溯到 19 世纪末，1995 年美国麻省理工学院首次提出了"3D 打印"（3D Printing），它以计算机三维设计模型为蓝本，利用激光束、热熔喷嘴等方式，将粉末状金属、塑料、陶瓷等材料，以类似于堆叠积木的方式进行逐层堆积黏结叠加成型，从而制造出实体产品，实现了虚拟三维数据的实体化。

3D 打印不需要传统的任何模具，具有分布式生产的特点，降低了组装成本。但在当时打印制造成本较高，能用于打印的材料有限，制造效率不高，只能作原型件使用，在规模化生产方面尚不具备优势。

3D 打印技术发展于 20 世纪 80 年代。一位名叫 Chuck Hull 的人提出了第一种 3D 打印概念，称为立体光刻（Stereo lithography，SLA）。随着激光技术的进步以及所使用材料和工艺的创新，Chuck Hull 首先把这个概念变成了现实。立体光刻系统使紫外线光源集中到一个存放有液体聚合物的储液池，聚合物在被紫外线照射后变硬。在紫外线光源的照射下，聚合物层半固化而形成一定的形状，而未固化的聚合物则继续存于储液池且为正在制造的部分提供原料支持。当该层打印完成后，硬化的聚合物层随工作平台在液体中向下移动，下一层聚合物在该层的顶部继续重复上述过程。这一过程不断持续进行，直到零件按照计算机辅助设计的过程打印完毕并从液体介质中移出。大多数情况下，零件在可以被触摸前还需要进一步固化。Chuck Hull 在 1983 年发明了这种新技术，随后在 1986 年创立了第一家开发和制造 3D 打印机的公司——3D Systems。这是人类历史上第一次在现实中真正制作出快速成型设备，而并非是在科幻电影或书籍中。Chuck Hull 也是第一个找到使用计算机辅助设计文件与快速成型系统建立联系，从而加工制造计算机模拟设计零件的方法的人。在他的努力下，3D 计算机辅助设计模型被模拟分切成多片层，每个片层可以通过 3D 打印机来构建成为零件的一层。3D 打印机的第一代计算机辅助设计只含有关于零件表面的文件，被称为来自立体光刻过程的 STL 文件。经过发展，该技术专利于 1984 年 8 月被提出申请，并于 1986 年获得美国专利和商标局批准，成为快速成型系统领域的第一项专利。尽管 Chuck Hull 在 1986 年就获得了这项专利技术，但是 3D Systems 公司花了数年时间才研发出了第一套固相立体光刻系统。

二、3D 打印技术的发展

3D Systems 公司开发并为这项技术申请了专利之后，其他创新型企业也开始使用不同的方法和材料研发新型的 3D 打印设备。在美国德克萨斯州立大学奥斯汀分校，大学生 Carl Deckard 和助理教授 Joe Beaman 博士开始研究一种被称为选择性激光烧结（Selective Lasers Sintering，SLS）的新技术。选择性激光烧结的工作方式是把粉末状的材料铺在衬底板上，再用激光光束选择性地烧结指定区域的粉末材料，然后将另一层粉末铺展在前一烧结层之上，并重复上述烧结过程，最终粉末被烧结在一起，形成一个三维粉末烧结零件。Carl Deckard 和 Joe Beaman 博士于 1984 年开始进行此项工作，1986 年制造出了第一台选择性激光烧结设备。之后，他们把该项技术商业化，建立了第一家选择性激光烧结公司 Nova Automation，后来演变成 DTM 公司。1989 年他们制造出了第一台商用设备，称为 Mod A 和 Mod B，并不断改进和制造出了更多的选择性激光烧结设备，直到 2001 年该公司被 3D Systems 公司收购。

大约在同一时间，毕业于华盛顿州立大学的学生 Scott Crump 和他的妻子 Lisa Crump 在他们的车库里开发出了另一种 3D 打印技术。Scott 想为他的女儿制作玩具，为此他发明了熔融沉积成型（Fused Deposition Modeling，FDM）技术。这项技术是将热塑性塑料加热到半液体状态并沉积到基片上，通过这种方式实现零件的逐层成型。1989 年 Scott 和 Lisa 开办了 Stratasys 公司来出售这项技术，并于 1992 年申请了专利。Stratasys 公司一直保持增长势头，现在拥有许多价值两千美元至六十万美元的 3D 打印机，且拥有超过 560 项已被授予或正在申请的专利。

同时，另一个名叫 Roy Sanders 的人开发出了另一种新的快速成型方法。他的公司前身为 Sander Prototype，Inc.，现名为 Solidscape®，于 1994 年发布了旗下首台名为 ModelMaker^(TM) 6Pro 的 3D 打印机。这台设备通过喷涂来制造工件，在本质上与立体光刻（SLA）是相同的，但不是把激光光束"喷入"液体介质，而是将热塑蜡液喷到衬底板上来逐层制造工件。这台设备非常受精密铸造行业的欢迎，如珠宝行业。该公司在 2011 年 5 月被 Stratasys 公司收购。

上述技术都只是在那个时期发展的一些原始快速成型技术，然而，这些技术的发明者们并不是唯一看到这些特殊技术的人。当 3D Systems 公司取得其 3D 打印技术专利时，其他国家的立体光刻系统厂商也开始开发这一技术。日本的 NTT Data CMET 公司于 1988 年，Sony/D-MEC 公司于 1989 年开始发展他们自己的立体光刻系统。与此同时，一些欧洲厂商，如 Electro Optical Systems（EOS）公司和 Quadrax 公司，也于 1990 年开始开发立体光刻系统。全球各地的许多公司都开始开发他们自己的 3D 打印设备，并不断研发出新的加工工艺。很明显，此项技术已在世界各地引发了人们的极大兴趣，并开始迅速发展。

三、从原型制作到 3D 打印零件

大多数技术都是适用于加工聚合物材料，一直没有加工其他，诸如金属或陶瓷等材料的能力。这些聚合物材料制作出的原型并不能投入实际应用。

为了不断适应加工金属和陶瓷零件的需要，3D 打印技术得到了更多的发展。在这一趋势下，很多公司试图开发一种金属 3D 打印设备。最初的一家公司是美国的 Electro Optical Systems（EOS）公司。EOS 公司由 Hans Langer 博士和 Hans Steinbichler 博士于 1989 年创办。最初，他们先后使用立体光刻系统和选择性激光烧结系统打印塑料零件。在 20 世纪 90 年代初，他们开始研究使用选择性激光烧结系统来制造金属零件，并于 1994 年提出了第一个直接金属激光烧结（Direct Metal Laser Sintering，DMLS）设备的原型，随后于 1995 年推出了第一套直接金属激光烧结系统。从本质上讲，其工作过程与选择性激光烧结相同，但可以直接用于烧结金属粉末，许多普通的工程材料，如铝、钴、镍、不锈钢及钛合金等都可以在这个工艺中使用。1997 年，EOS 公司与 3D Systems 公司达成协议，将自己的立体光刻产品线出售给了 3D Systems 公司，换来激光烧结技术的全球专利权。从此他们拥有了显著领先的选择性激光烧结和直接金属激光烧结技术，这使得 EOS 公司成为全球最成功和最具竞争力的 3D 打印设备公司之一。

在同一时期，另一种可以生产金属零件的 3D 打印技术在新墨西哥州的阿尔伯克基被研发，称为激光近净成型（Laser Engineered Net Shaping，LENS）技术。它由桑迪亚国家实验室开发并由 Optomec 公司实现了商业化。这项技术于 1997 年开发，其第一台机器于 1998 年售出。激光近净成型技术系统的工作原理是沉积在衬底上的粉体在高功率激光的照射下熔化并凝固成型，设备顶部和底部都可以移动，在衬底上的所选区域沉积金属，金属逐层沉积直到完成所设想的零件。Optomec 公司一直在改进激光近净成型技术，到 2012 年为止，该公司已为超过 150 位客户交付了 3D 打印系统，同时期也出现了另一种非常受欢迎的 3D 打印工艺类型——电子束熔炼（Electron Beam Melting，EBM）技术，这是由 1997 年创建的 Arcam AB 公司发明的。电子束熔炼技术是把电子束指向选择性区域的粉体材料，一层粉末在选定区熔化凝固，另一层粉末便放在这一层的上面继续熔化凝固，该过程一直持续到零件制造完成。通过与查尔摩斯理工大学合作，Arcam AB 公司于 2002 年发布了旗下第一台电子束熔炼设备，并销售给了两个客户。

2007 年骨科植入物制造商使用电子束熔炼技术制造了一个符合欧盟认证的钛髋关节植入物。自那以后，更多的植入物开始使用电子束熔炼技术制造出来。电子束熔炼技术还被应用于航空航天工业，并且随着它自身的不断进步，将会向更多的领域进军。

四、3D 打印的影响

3D 打印行业一直积极地扩大、成长并且坚持与时俱进。众多行业都意识到 3D 打印行业的丰厚利润和前景，因而其市场发展更加迅速。自从最初的实践者们开发出这项技术，许多新型的 3D 打印技术被不断创造出来，这些新的技术有些是新颖的，但也有一些只是原有技术的变种。在可用材料的开发和研究，以及探索其最优化性能以达到最终使用要求方面也取得了许多进展。所有这些原始技术均是从快速成型、分层制造和实体自由制造等方法开始的，它们最初的设计也仅适用于高分子材料，只是快速制作原型或对零件进行展示和说明。多年来，随着技术的发展，3D 打印制造出的功能原型或零件已可以应用于各种环境中。日益发展的 3D 打印产业已然融入工业体系中，自从第一台 3D 打印机诞生起，其所占据的全球市场份额便一直在增长。

如图 1-2-1 所示，根据相关数据，2019 年全球 3D 打印产业规模达 119.56 亿美元，增长率为 29.9%，同比增长增加 4.5%。

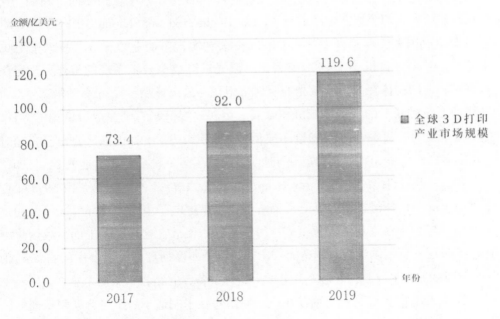

资料来源：中研普华产业研究院。

图 1-2-1 2017–2019 年全球 3D 打印产业的市场规模

第三节 3D 打印技术的科学用途

3D 打印技术已经成为一个技术上的巨大突破。众所周知，电脑和互联网取得了巨大的进步，3D 打印也将以相同的方式去开启一个研究和开发的新时代。

一、可视化的分子生物学

分子生物学家必须考虑非常复杂的分子间的相互作用。他们经常要预测出几个分子将如何相互作用。在这里，我们介绍一个具有科学趣味的分子结构的大型数据库。结构化的生物信息研究实验室蛋白质数据库是一个非常大的数据库，它可以说是美国的一个全球数据银行，或者说是全球 PDB 的美国仓库。这些数据银行是公共资源，科学家们在这里可以分享关于蛋白质和其他生物分子的结构和功能的信息。现在，个人若想得到一个复杂的分子的 3D 模型，他们可以根据这些数据银行的信息进行 3D 打印。

下面以六螺旋 DNA 束的 3D 打印模型为例阐述 3D 打印可视化的分子生物学这一科学用途。

Matt Gethers 在美国加州理工学院的材料和工艺仿真中心工作，他在研究如何将结构复杂的 DNA 束进行可视化。Gethers 感兴趣的领域被称为 DNA 折纸术。

此处的 DNA 折纸术不是纸张的折叠，而是指脱氧核糖核酸（DNA）可以在正确的条件下组织和构建其他 DNA 结构。研究者用 DNA 的小链，将一条 DNA 的长链折叠成任意形状。这种折叠链可以被用作一个 DNA 的组件，它可以依次组装成更复杂的结构。

如图 1-3-1 和图 1-3-2 所示，是由六个双螺旋 DNA 构成的分子的两种外观。这六个螺旋束是 DNA 纳米结构的早期版本（从严格意义上来说，这不是折纸术，因为它没有用小链做出一个新的形状）。研究者使用一系列生物学专业软件，构建出了分子虚拟模型。研究者希望能使用 3D 打印技术打印自己的模型，以便自己能更好地理解这个复杂的生物分子的结构。

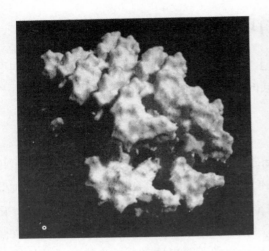
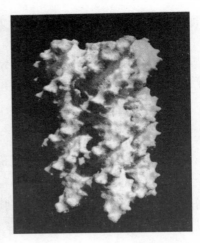

图 1-3-1　PLA 打印的六螺旋束的　　　　图 1-3-2　PLA 打印的六螺旋束的

DNA 模型端点视图　　　　　　　　DNA 模型的侧面视图

从 PLA 打印的六螺旋束 DNA 模型上，我们可以看到很多小细节，加上使用白色塑料进行打印，更加突出了细节。这个模型看起来像一块漂白了的珊瑚。

二、可视化数学

数学家们总是使用图形的方式来对数学上的一些概念进行可视化处理。然而，3D 打印给出了另一个维度的表达。下面我们进行详细介绍。

（一）巧妙的数学抛物线

以美国为例，在加利福尼亚的尔湾心理研究所（MRI）是 JiJi（ST）数学的开发者。ST 代表"时空"。JiJi 数学是一种数学游戏，它可以让儿童在没有文字的情况下学习数学，特别是对那些有阅读困难症的儿童，或对于那些数学符号学得很好，但在文字变得很复杂时就会遇到问题的儿童来说，这是一个福音。

心理研究所的首席执行官马修·彼得森，一直在探索利用 3D 打印教具（学生可手握的对象）来教授数学。我们在这里讨论的是帮助学生培养有关抛物线的直觉（图 1-3-3）。

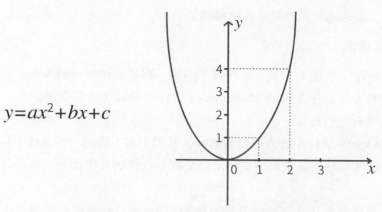

$$y=ax^2+bx+c$$

注：在图中，$b=c=0$，$a=1$。

图 1-3-3　抛物线的方程与曲线

学生们在最初学习抛物线的时候，往往很难理解线性项（$y=x^2$）实际上是怎样改变图的整体形状的。彼得森开发了如图 1-3-4，图 1-3-5 所示的操作来帮助学生理解和学习抛物线。我们可以想象，在如图 1-3-3 所示的基本形状的抛物线上，加上一个偏移量来向上或向下移动它。当如图 1-3-4 所示的横向手柄移动至如图 1-3-5 所示的位置时，该手柄所在直线的斜率发生变化，抛物线的顶点也发生了变化。

图 1-3-4　对称的抛物线

图 1-3-5　具有正斜率的抛物线

抛物线的对称轴是由线性方程 $x=b/（2a）$ 确定的，其中 a 和 b 就是图 1-3-3 所示方程中的 a 和 b。相对于图 1-3-4 的结构来说，在图 1-3-5 中增加了一个正斜率的直线，于是抛物线的对称轴也移动了。

（二）曲面

曲面就是用曲线（专业上是母线）围绕一根轴旋转生成的表面。曲线通过复杂的数学和工程程序（例如 Mathematica 软件）可以生成复杂的曲面，然后生成一个 STL 文件进行打印。

因为 OpenSCAD 不能直接创造曲面，我们不得不借助一些其他学科建模的常用技巧把要计算的内容分解为更小的、更容易计算的几个部分。这项任务由以下步骤组成。

①沿着高度等于 4 次幂函数的 x 轴制作 1mm 宽的条带，创建 4 次幂曲线的二维图。

②通过扫描围绕轴线的平面，创建 3D 形状。

③由于垂直距离会非常大，所以将曲面乘以一个比例因子，以便于它的打印（此处的尺寸是毫米）。

④将产生的固体对象，用创建平台上的平底、圆底进行倒置打印。

通过这样的方式，再利用参数，打印起来非常容易，并可以产生大量的不同的曲面（图 1-3-6）。

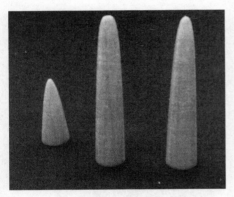

图 1-3-6　PLA 打印的一些不同的曲面

三、3D 打印的其他科学用途

3D 打印可以让科学家们除进行可视化和建模外，还能在一开始就获得数据。外国研究者约书亚·皮尔斯在他的著作中讨论了如何把 3D 打印作为一个创建设备的实验室工具。

科学家们自己正在开发 3D 打印生物组织和底物的方法。在需要共享实物样品的任何领域，特别是那些可能需要一个更大的画面的领域，例如古生物学、人类学等领域，它们可以通过扫描样品而共享模型。

第四节　3D 打印技术的展望

对一个迅速发展的领域的未来进行预测是不容易的，也是不好把握的，因为预测要么过于保守，要么过于激进。本节挑选了一些可能会在较长的时间内影响该领域的技术、应用和业务的问题进行论述，当然未来还会有许多其他可能。人们在 3D 打印空间中正进行着大量的实验，在不久的将来，我们可能会看到提高速度、混合差减法和添加剂制造的各种方法。事实上，3D 打印的研究者是计算机科学家和其他有想法的人，他们所进行的事业将成为创新思想的发源地。

一、技术发展趋势

在过去几年中，桌面 3D 打印机的打印技术已经越来越成熟。随着桌面 3D 打印机台式机的性能趋向稳定，越来越多有需求的用户进入了各种规模的 3D 打印领域。

（一）特殊用户

通常我们认为 3D 打印是打印非常细腻、小的部件。比赫洛克·霍什内维斯是美国南加州大学工业与系统工程方面的教授，他开发了一个称为轮廓工艺的过程，该过程用 3D 打印获得了建造房屋所需要的适当规模的混凝土。

如图 1-4-1 所示，是使用轮廓工艺过程制造的混凝土墙。

图 1-4-1　3D 打印的混凝土墙

混凝土墙在制造过程中，可以将钢筋和其他支撑件材料丢弃。随着 3D 打印技术的发展，3D 打印房屋（如图 1-4-2 所示）很有可能在以后被大量使用。比如，在自然灾害之后或目前缺乏足够住房，有巨大需求的地方快速地建造房屋。

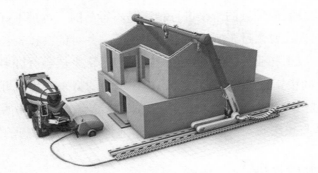

图 1-4-2　3D 打印房屋

（二）改善用户体验

消费级的 3D 打印机发展得非常迅速，并且在性能和价格上的竞争变得异常激烈。一些制造商已经开发出了比较简化的用户界面，但这些接口会限制用户可以打印的对象类型。

3D 打印机的用户需要设置大量的参数。这既有好处，也有坏处。随着时间的推移，为了使客户得到更好的体验，自动分析输入文件和优化打印的方式会应运而生。

另外，3D 打印机自我校准和调整也是能改善用户体验的方式。但受到消费级打印机的成本和复杂度的限制，一定时期内要想实现这些功能是具有挑战性的，但尽管如此，各种针对这些问题的解决方案仍正在被研究，有可能会在未来几年内出现。

（三）打印更快捷

目前，3D 打印仍然是很慢的，打印可能会花费数小时，甚至数天。有些局限性是由物理因素导致的，在打印完一层之后，机器往往需要在冷却后才能进行下一步打印。目前，以长丝为基础的机器正努力突破这些物理限制。

（四）新的打印材料

长丝品种可能会随着市场的扩大继续增多，新的用户会需要具有特定性质，如高强度、较大的弹性、附着力要好等的材料。

再生长丝依然是一个有点遥远的事物。现在，长丝的成本占 3D 打印机总成本非常大的比例，如果它可以降低一些，那么 3D 打印的成本也会显著下降。

二、新兴的 3D 打印应用

早期的消费级 3D 打印仅在业余爱好者中间使用。现在 3D 打印机的使用（虽然不一定是消费级的）已迅速扩展到其他行业，而且还可能会继续扩张。下面重点介绍 3D 打印机在打印食物中的应用和在医疗中的应用，这两个应用已经引起了公众的注意。

（一）打印食品（物）

打印食品是一项具有挑战性的工作，这是因为大多数的食品不适合预先制成长丝，同时也因为整个食品挤压链（能和所挤压出的东西发生接触的所有事物）必须达到食用安全级别。有些食物（如巧克力）和热塑性塑料有相似的表现特性，有些食物可以作为面团或凝胶进行挤出，还有一些食物可以作为液体或粉末进行喷涂。

以英国为例，英国剑桥的 Dovetailed 设计工作室开发了一个概念机，它是食品创客松（编程马拉松）的一部分。工作室使用此机器（图 1-4-3 所示）制作了一个覆盆子（图 1-4-4），该机器是一滴一滴地打印这个食品的。

打印机使用了微小的混合了类似海藻酸钠凝胶溶液的果汁滴。通过使用名为 spherification（表面胶化成球）的分子烹饪技术，将这种混合物滴入液体溶液中，制成薄皮的小滴。（分子美食是把可食用的化学物质进行组合或改变分子结构后再重新组合创造的新奇食物。）

图 1-4-3　水果 3D 打印机

图 1-4-4　3D 打印的"覆盆子"

3D 打印食物现在尽管依旧面临挑战，但人们还是对打印薄煎饼、巧克力和其他奇妙的食物有着浓厚的兴趣，并且在一直探索食物打印技术。

（二）医学中的 3D 打印技术

医学界对 3D 打印也非常感兴趣。在医学上，3D 打印技术目前还存在一些问题，如设备定制，在某些情况下缺乏有良好的、合理的价格的制造技术。还有一个问题就是 3D 打印的物品事实上就医疗用途而言，是否是安全的。

针对上述问题，美国食品药品监督管理局曾召开研讨会，议题包括制造工艺是怎样重复的（重复性对于测试来说是很重要的）、材料的生物相容性，以及材料是否可以充分消毒且是如何充分消毒的。

生物打印中培养身体组织以取代病变或损坏的组织已并不是新鲜事了。然而，3D 打印能使这个过程比以往更加快捷，并且能更好地再现较为复杂的系统。

三、3D 打印业务

目前，3D 打印行业分成了 3D 打印机制造商以及服务机构，服务机构可以提供 3D 打印服务，但是收费的。行业的内容部件即用于第三方打印的模型，仍然有待成熟。3D 模型的销售本身是否会变成一个重要的业务还有待观察，这在一定程度上取决于消费者级的 3D 打印机的易用性。同时，对于一些基本的知识产权问题也需要制定相关规则。

（一）打印机专利问题

使用 3D 打印技术的商业模式正在迅速发展。打印机行业本身的未来是什么？在当下的商业环境中有一些反对意见，这些反对意见可能会对行业未来的走向有很大的影响。

以美国 Stratasys 公司为例，当 Stratasys 公司（桌面级 3D 打印机制造商 Makerbot 的母公司）因为 3D 打印机制造商 Afinia 对其在该领域的一些未到期的专利进行了侵权，就对 Afinia 进行了起诉，之后讨论的基调就变了。Afinia 在回应中申明，该专利无论怎样说都是无效的，并宣称 Stratasys 公司想要进行行业垄断。

对于一些生产商所持有的专利，开源社区也有了进一步的困扰，该社区认为这些专利实际上是作为开源代码而发明的。因此，想要短时间内厘清这一切是不容易的。

（二）硬件产品成为服务

对于企业来说，目前的趋势是认为软件即服务。也就是说，用户无须购买软件，而只需订阅它。3D 打印创造了一个硬件即服务的时代，这可能意味着需要购买一个设计，并且自己进行打印。

然而，这个商业模式出现了一些棘手的问题。打印品的所有权如何分配呢？目前，扫描一个部件仍然是一个相当耗时的过程，但随着技术的发展，这将有所改善。

STL 或 G 代码文件的共享与音乐共享具有一些相似之处，但比起打开一个电子书或播放一个 MP3 文件来说，需要更多的技巧才可以打印对象。用户和打印机是否在不断地发展，以使得大多数人能够打印自己的副本，或者使用网络上的自定义打印店？在未来几年，随着人们对大规模定制产品路线的探索，商业模式和服务的爆发似乎是不可避免的。

四、问题与展望

3D 打印生产的发展可能会提高工业产品的开发水平，并增加工业设计的自由性，以满足生产复杂、特殊和定制的产品的需要。可以概括地说，3D 打印产品更易于复制和发布，正因为如此，盗版生产的风险也大大增加，并且使当前的知识产权保护机制已难以适应未来行业发展的需求。在二十一世纪的前十年，人工智能的迅猛发展对整个人类社区产生了巨大的影响。在不久的将来，人工智能必将加速行业乃至社会结构的转型。

未来，人工智能将会越来越多地用于普通人的生活。显然，就人权和民权而言，必须以普通百姓可接受的方式执行这些要求。在促进技术创新时，应积极建立适当的法律和法规框架，以确保所宣传的 AI 技术不会引起不必要的道德隐私问题和安全性问题。

3D 打印作为一种新技术，同样要经历从初级发展到逐步完善的进程。第一，3D 打印技术流程相对固定，在市场上多适用于个性化的小型件打印。在批量生产方面，尽管能够实现"一对多"方式的成型打印，但要想实现规模化生产，意味着在打印设备尺寸方面必须有所突破，这样有可能造成打印机的稳定性无法保证的问题，会使规模化的产业生产力不从心，同时，长时间的高强度超负荷运作也会使设备维护成本成倍增加。第二，从经济成本来看，根据用户对象不同，目前市场主流的 3D 打印机主要分为桌面级、工业级和生物医药级三大类。对于高端的工业级 3D 打印机、生物医药级 3D 打印机来说，其投入成本巨大，直接成型投入市场的产品不多，打印产品的工业附加值较低。即使是面向社会大众，桌面级 3D 打印机如果长期使用，其维护的成本也是一笔不小的费用。第三，商品需要具有能够满足人们某种需求的属性，如果打印的鞋子不能穿、打印的房子不能住，高端的技术也只能是空中楼阁。第四，目前 3D 打印配套的基础产业链还没有跟上，产业环境尚有待成熟，需要完善的行业制度、法规保驾护航，确保市场的良性发展。

目前，3D 打印在技术与产业发展层面仍有待开拓、完善，随着市场对 3D 打印认识的逐步深入和人工智能的发展，这些困难都会迎刃而解。3D 打印应用的前景和价值目前显露出的仅是冰山一角，3D 打印的未来会更令人期待。

第二章 3D 打印流程

本章主要介绍 3D 打印流程，从四个方面进行了详尽的阐述，分别是 3D 打印机概述、3D 模型的制作与打印过程、3D 打印材料的选择、3D 打印机的使用实例。

第一节 3D 打印机概述

日常生活中使用的普通（2D）打印机（图 2-1-1）可以打印电脑设计的平面图形。但是，普通打印机只能在普通办公用纸、投影胶片等平面材料上进行打印。

3D 打印是一种新型制造技术，即利用黏合材料一层层地打印出三维立体物品。如图 2-1-2 所示，是一台 3D 打印机。

图 2-1-1 2D 打印机

图 2-1-2 3D 打印机

一、3D 打印机的种类

（一）喷墨 3D 打印机

薄层结合的方式多种多样。部分 3D 打印机使用喷墨打印机（图 2-1-3）的工作原理进行打印。以 Objet 公司为例，Objet 公司是以色列的一家 3D 打印机生产企业，其生产的打印机是利用喷墨头在一个托盘上喷出超薄的液体塑料层，经过紫外线照射而凝固后，托盘略微降低，在原有薄层的基础上添加新的薄层。

另一种方式是熔融沉淀成型。总部位于明尼阿波利斯的 Stratasys 公司应用的就是这种方法，具体过程是，在一个（打印）机头里面将塑料熔化，然后喷出丝状材料，从而构成一层层薄层。

（二）粉剂 3D 打印机

粉剂 3D 打印机（图 2-1-4）利用粉剂作为打印材料。这些粉剂在托盘上被分布成一层薄层，然后通过喷出的液体黏结剂而凝固。在一个被称为激光烧结的处理程序中，通过激光的作用，这些粉剂可以熔融成

图 2-1-3　喷墨 3D 打印机

我们想要的样式。德国的 EOS 公司把这一技术应用于他们的添加剂制造机中。瑞典的 Arcam 公司通过真空中的电子束将打印机中的粉末熔融在一起用于 3D 打印。以上仅仅是众多方法中的少数几种而已。

为了制作一些结构特殊的复杂构件，用凝胶以及其他材料做空间的支撑，然后用没有熔融的粉末将空间填满，填充材料随后可以被冲洗掉或被吹掉。现在，能够用于 3D 打印的材料非常多，塑料、金属、陶瓷以及橡胶等材料都可用于打印。有些机器可以把各种材料结合在一起，使构成的物体既坚硬又富有弹性。

图 2-1-4　粉剂 3D 打印机

（三）生物 3D 打印机

图 2-1-5　生物 3D 打印机

一些研究人员开始使用生物 3D 打印机（图 2-1-5）去复制一些简单的生命体组织，例如皮肤、肌肉以及血管等。有可能，大的人体组织，如肾脏、肝脏甚至心脏，在将来的某一天也可以打印——如果生物打印机能够使用患者自己的干细胞进行打印的话，那么在进行器官移植后，其身体就不可能对打印的器官产生排斥。

食物也可以被打印，如图 2-1-6 所示为 3D 打印出的巧克力，如图 2-1-7 所示为 3D 打印出的蛋糕。

图 2-1-6　3D 打印的巧克力　　　　　图 2-1-7　3D 打印的蛋糕

二、3D 打印机的功能

（一）制作立体作品

3D 打印能够全方位呈现图片中出现的动植物、建筑物等（图 2-1-8）。

图 2-1-8　3D 打印的建筑物模型

（二）利用多种材料

选用食物作为打印材料可以制作出食物，选用细胞则可以制作出人体器官和组织（图 2-1-9）。

图 2-1-9　3D 打印的人体器官

（三）制作义肢

3D 打印可以为意外事故或其他情况导致身体不健全的人们制作义肢（图 2-1-10）。

（四）制作纪念品

我们可以利用 3D 打印技术制作自己喜欢的纪念品（图 2-1-11）。

图 2-1-10　义肢

图 2-1-11　3D 打印的纪念品

（五）制作雕塑

图 2-1-12　丹·柯林斯的"多个头部"作品

3D 打印视觉艺术行业的领导者源自一群艺术家。其中比较有名的是来自亚利桑那州立大学的丹·柯林斯。他管理着 PRISM 实验室，这家实验室主要研究跨领域的 3D 建模和快速成型。1994 年，他创作了一个 3D 打印作品——"多个头部"（图 2-1-12），这个作品含水煅石膏，是通过 3D 激光扫描捕捉艺术家的头部运动而制成的。制作者将扫描数据转换到 CAD 模型中，然后使用数控机床在蜡上加工，最后将蜡原型转换成含水煅石膏铸件。

3D 打印机发明的时间并不长，但其应用范围却越来越广泛。例如，运用 3D 打印机可以制作玩具、人偶、义肢等，也能够将食物作为打印材料制作出美味的佳肴。现在，科学家已经能用 3D 打印机结合细胞组织制作身体的部分结构，还能用 3D 打印机建造房屋。

三、3D 打印成型方法

3D 打印不同于传统的切削铸造等制造工艺，而是采用增材制造的方式，利用材料的离散堆积原理来成型产品，该方式具有数字化、速度快、成本低等特点。

（一）光固化成型方法

光固化成型方法（SLA）是一种常见的 3D 打印成型方法。它是以光敏树脂为原材料，通过激光器或光源发出光束对光敏树脂进行切片信息的路径扫描，使光敏树脂吸收能量产生化学反应而固化成型的一种工艺技术。该技术具有精度较高、成型速度快等特点，但也存在设备昂贵和污染环境等问题，且成型后一般需要二次固化才能更好地进行生产应用。

（二）熔融沉积成形方法

熔融沉积成型（FDM）是一种同步送料熔化成型工艺，最早由 Scott C 博士提出。它由伺服电机、送丝机构、喷头、原材料、支撑材料等部分组成，通过加热喷头使喷头内的材料融化，再以一定的压力挤出至切片信息规划好的路径来成型，通过层层堆积、叠加，最终成型工件或产品。该技术具有成本低、清洁性好、后处理工艺简单等特点，但也存在成型精度、表面质量不高等问题。

（三）激光选区烧结方法

激光选区烧结（SLS）技术是将激光器作为能源，在已经铺好的粉末上面按照规划路径进行扫描照射，使粉末达到融化点进行烧结并与下方成型部分实现黏结。当成形后，将工作台面下降一定的高度后重新按照切片信息进行烧结成型。在烧结完成后去掉多余部分粉末，再进行后续处理。该技术具有材料使用范围广、工艺简单等特点，但也存在成型零件精度有限、成本较高、性能不太理想等缺点。

（四）激光选区熔化方法

激光选区熔化（SLM）是德国首先提出的，是用激光按照切片信息路径在基板上熔化粉末材料，并将它们成型的技术。在成型后成型缸体和粉末缸体分别下降和上升一定的距离，铺粉装置再重新进行铺粉，从而进入下一个成型循环，直至成型工件。该技术具有成型材料范围广、利用率高、成型精度较高、表面质量较好等特点。

（五）激光近净成型方法

激光近净成型（LENS）由美国最早开发的。这是一项可对复杂零件进行直接成型的技术。该技术集激光熔覆技术和快速成型技术为一体，对材料进行成形。它具有成型时间短、速度快、成型相对柔性化、材料范围广等特点，具有较高的应用价值。

（六）电子束熔丝沉积方法

电子束熔丝沉积（EBDM）成型技术最早由 NASA 开发。它是在真空环境中，通过电子束轰击金属表面来形成熔池，在送丝机构的工作下，将材料运送到熔池处，按一定的运动轨迹来成型工件的技术。该技术具有材料利用率高、成型快等特点，但是也存在应用环境受限、缺乏相关标准等问题。

（七）三维立体打印技术

三维立体打印（3DP）技术最早由麻省理工学院的 Cima M.J. 和 Scans E.M. 等在 1992 年联合研发，它是一种基于喷射液滴来成型的一种打印工艺。它是在脉冲信号控制电磁阀开关的背景下，高压气体进入喷头腔体内，瞬间挤压出液滴，按照预定的路径，喷射到成形基板的粉料上，通过层层堆积来打印成型产品的技术。该技术具有无支撑、成型速度快等特点，但是打印出的产品强度、精度不高，不适宜用在一些高强度、高精度环境下。

四、3D 打印机文件格式

（一）3D 数据文件格式

3D 数据文件格式如表 2-1-1 所示。

表 2-1-1　3D 数据文件格式介绍

文件格式	介绍
STL	STL 文件格式是 3D SYSTEMS 公司于 1988 年制定的一种为快速原型制造技术服务的三维图形文件格式
OBJ	OBJ 文件格式是 Alias 公司开发的一种标准 3D 模型文件格式，很适合用于 3D 软件模型之间的数据交换
3MF	3MF 文件格式能够更完整地描述 3D 模型。除了几何信息外，3MF 文件格式还可以保存内部信息、颜色、材料、纹理等特征的数据

文件格式	介绍
AMF	AMF 文件格式以目前 3D 打印机普遍使用的 STL 文件格式为基础，弥补了 STL 格式的相关缺点。AMF 文件格式能够记录颜色信息、材料信息及物体内部结构等

（二）3D 数据生成方法

3D 数据生成方法如表 2-1-2 所示。

表 2-1-2　3D 数据生成方法

方法	工具	优点	缺点
3D 建模软件	SketchUp 123D Design	可根据个人想法设计并制作复杂的立体模型	需要掌握较多的建模软件的操作方法，学习难度较大，所需时间较长
3D 扫描	3D 扫描仪 3D 扫描数据修正软件	可以通过 3D 扫描仪一次性生成模型文件，无须人工绘制设计图	模型精准度低于使用 3D 建模软件绘制的模型，需要人为进行后期处理
3D 模型数据资源	免费资源共享网站： www.sketchfab.com www.archive3d.net	可以直接利用已经制作好的模型文件，无须 3D 建模技术或其他软件	只能利用现有模型，很难实现独特的创意和构想

第二节　3D 模型的制作与打印过程

一、制作 3D 模型

创建 3D 电脑模型是使用 3D 打印机的第一步。3D 模型的制作可以通过扫描已有的物体、从网上下载或者自己设计等方式进行，每种方式都有很多选择。3D 模型的创建并不一定要使用软件包，但是软件包中设计方案的选用可以简化打印过程。

（一）创建 3D 打印模型

3D 打印模型可以使用 3D CAD 软件从零开始做，这些软件注重视觉效果、动画、工程、架构等方面。一些 3D CAD 软件考虑到初学者从零开始做模型会比较困难，因此提供了数据库，初学者可以从数据库中下载模型，获得模型后，可以原样打印或进行修改。无论模型来自何处，文件必须是软件可以使用的格式，软件将为 3D 打印"切开"模型。

在开源的桌面级 3D 打印机的世界中，STL 文件是最常见的文件格式。这个缩写词有时被说成表示光固化，有时候表示表面曲面细分语言。

STL 是一种文件格式，基本上由一长串共同覆盖物体表面的三角形组成。这不是一个非常有效的格式（尤其是它的 ASC Ⅱ 版本，就是一个文本文件），但它具有生成和处理都相对简单的优点，因此成为标准。STL 标准兼有 ASC Ⅱ 和二进制文件两种版本。

在安装有 Windows 系统的电脑上，当保存或移动 STL 文件时可能会发生错误。因为在 Windows 系统上，STL 文件扩展名被假定为指的是证书信任列表，STL 文件会以证书信任列表的形式出现在目录清单。STL 文件将与 3D 打印软件一起在使用 Windows 系统的电脑上运行，但有时打开或保存文件会引发关于证书信任列表的报错。

（二）扫描模型

使用 3D 扫描技术扫描已存在的物体是得到该物体模型的一种方法。桌面级扫描仪还有点太复杂而不容易被使用。大多数扫描仪以这样或那样的方式从各种角度扫描物体，从而得到大量图像，然后创建一个点云（点云就是在某种精度上用以表示物体形状的大量不连接的点）表示物体。这些图像必须能够以特定的方式重建 3D 图像。

　　低成本扫描仪可以从很多角度获取图像，并用智能手机或电子游戏摄像机来生成点云。然后，要么用户手动连接图片，要么软件自动操作。

　　由于背景中物体的干扰而形成的漫反射，物体本身内部表面或曲面都是对当前低成本扫描仪的挑战。在这些环境中如何准确定义分辨率是个棘手问题。为特定应用软件选择扫描仪主要考虑获取速度的要求、精度要求、可用于手工清理的时间，以及被扫描材料的类型。扫描闪亮的物体和松软的物体时对扫描仪要求较高。

　　在漫反射和其他伪迹被删除后，扫描仪软件将创建覆盖点云表面的三角形，生成 STL 文件或者其他格式的模型表面文件，这个过程通常称为创建网格，或网格划分。对于一个复杂的模型，网格划分需要很长时间。

　　使用 3D 扫描和打印的科研人员可能需要详细的、高分辨率的生物结构信息。医疗专业人士和那些有机会接触电脑断层显像（CT）扫描仪的专业人士已经使用 CT 扫描作为 3D 打印的起点。CT 扫描可以捕获内部复杂的、凹面的结构。不同的 CT 扫描仪可以处理不同的密度和大小的物体。

　　现在有光束尺寸较小的微型 CT 扫描仪。一些大学影像中心和实验室为了科研项目会购买这些较小的扫描仪，但通常这些扫描仪并不是全天都在使用，因此可以计时出租。装有微型 CT 扫描仪的设备并不便宜，因此扫描的费用也不便宜。微型 CT 扫描可以获取结构的 3D 模型的信息。

　　CT 扫描仪以 DICOM 格式输出文件。在网络上可以搜索到各种免费的、专用的工具，将 DICOM 文件转换成 STL 文件——这取决于正在使用的特定软件。In Vesalius 是一个新兴的免费转换软件包，在网上可以搜索到下载页面。如图 2-2-1 所示，展示了 Scott Camazine 用金属打印（使用非桌面级打印机）的一副头骨的 CT 扫描结果。

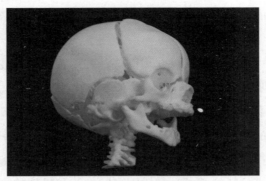

图 2-2-1　基于 CT 扫描文件的 3D 打印头骨

（三）打印设计

3D 打印可以制造出一些用传统制造技术很难实现表面和形貌的物品，如格状结构、不同形状不同形式的内孔、需要一次成型的装配件和多孔零件。从这方面来说，3D 打印是独一无二的。由于 3D 打印具备较多的附加功能，所以设计者需要合适的技术或工具来利用这些功能进行设计优化。设计者常用的一个技术是拓扑优化。拓扑优化指通过多种数学原理从已知的载荷位置和零件或装配体的约束中确定材料和孔的位置。如图 2-2-2 所示，为 3D 打印中基于拓扑优化技术设计的托架。如果采用传统制造技术，拓扑优化零件的表面成型会费时费钱。

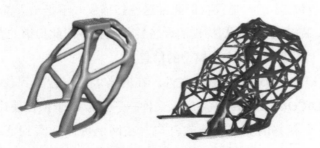

图 2-2-2　基于拓扑优化技术设计的 3D 打印托架

二、打印 3D 模型

拿到 STL 文件后，创建给定零件的整体流程如图 2-2-3 所示。数字化模型以 STL 文件的形式被导入 3D 打印的本机应用程序中。通常，用户能够在本机应用程序中输入零件期望的转向和位置，这些信息与特定的 3D 打印工艺中的加工件相关。为了建立数字化模型的切片，要求同时获得 STL 文件和用户的输入。这些切片将被用于 3D 打印过程中以生产零件。尽管存在从 CAD 模型中直接构建出切片信息的技术，然而这些技术的商用化程度较低。

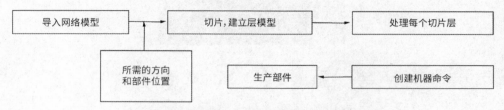

图 2-2-3　采用 3D 打印技术由模型到实体的流程

这些经过处理的切片层及所附带的信息将被用于创建机器命令，而后传送给 3D 打印设备以备零件的生产。在这个过程中，从 STL 文件切片和构建支撑结构可能会存在一些问题，下面从两个方面对这些问题进行进一步的讨论。

（一）切片和分层

数字化模型切片的 STL 文件主要用于创建层。切片的基本方法是利用基于数字化模型方向的两个平行平面，然后用这两个平行平面对 STL 文件中的模型进行截取，两个平行平面之间的距离就是零件 3D 打印中所需的层厚度。每个截平面与 STL 文件三角形单元的交集将会产生一组线和（或）点，这些点和线将被用于生产切片的轮廓，该轮廓正是 3D 打印所要完成的切片层。在过去的二十余年中，该领域的研究人员提出了如下问题：

①单层切片出现两个交叉的轮廓。

②切片层里的薄特征。

③截取方法导致的非实际物体。

这三种情况如图 2-2-4 所示，其中（a）为一个犹他茶壶的 3D 模型，（b）至（d）给出了其切片出现的不同问题。（b）所示为二维截面上的三个轮廓，其中两个轮廓的交集为一个点，由于点是无尺寸的实体，因此它不能通过 3D 打印技术实现。（d）所示为三个轮廓（位于二维截面上），其中的两个轮廓的交集为一条线，由于线只在一个维度上有尺寸，因而也无法实现 3D 打印。此外，如果这些切片通过三角形网格划分，就会出现各种问题，如网格的不连续、开放轮廓等。目前，这些问题是通过编写选择程序和软件进行处理的。然而，这种选择程序的适用性有限。

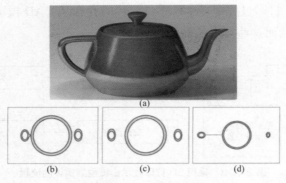

图 2-2-4　切片实例

（二）支撑结构的制造

用前述的切片制造出一层实体后，下一个任务可能涉及基于特定 3D 打印技术，如熔融沉积成型的支撑结构的制作。为了生成支撑结构，需要事前计算料性能（通常是强度和重量）和下一层的尺寸。如果在层中存在悬臂件，需要通过重量和强度来判断是否需要一个支撑结构。

第三节　3D 打印材料的选择

本节着重介绍的 3D 打印机是采用熔丝（线）为材料，熔丝被输送给挤出机，挤出机在熔化丝线的同时将其铺为一个层。熔丝是指由不同材料制成的粗大的线，制成熔丝的材料可以是塑料（图 2-3-1）、尼龙（图 2-3-2）和人造橡胶，通常采用的熔丝是一千克（塑料）或是一磅（尼龙）的线轴。

图 2-3-1　熔丝线轴

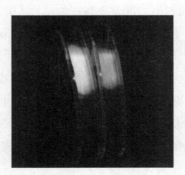

图 2-3-2　尼龙线轴

一、熔丝质量控制

3D 打印机最初是将熔丝用于焊接塑料盒。对于这个应用，熔丝的直径就无须精确了，因此，在基于熔丝的 3D 打印机使用的初期，熔丝直径的质量控制就显得不足了。随着 3D 打印机熔丝市场的不断壮大，熔丝质量控制也不断改善，但偶尔还是会出现一些标注的直径与实际直径不一致的情况。

普通的熔丝直径是 3mm 和 1.75mm。然而，这些只是标注的直径，实际的直径则会有所不同。许多专业人员都有一对卡尺，用来测量每个制造商的熔丝的实际直径。另外，如果打印机被放置过多的塑料或根本不能进行挤压时，专业人员都要首先检查熔丝直径。若是熔丝直径超出了挤出机的设置，打印机就会卡住或停止挤压。

熔丝的直径如果过小，则打印质量会降低。通常 3mm 熔丝的实际可测直径是 2.87mm 左右。熔丝直径过大比起过小来说会更影响打印质量，所以制造商力争将熔丝标注直径做到 2.85—2.9mm，3mm 就是最大值，绝对不能超过它。

质量差的熔丝可能会含有气泡，气泡会导致打印质量出现不稳定的现象。更糟糕的是，污染物颗粒会堵住挤出机的喷嘴。如果一台打印机突然出现了挤压的问题，那么首要考虑的因素就是熔丝直径不稳定或是熔丝污染。在打印时，一定要使用 3D 打印熔丝，而不要用那些看起来像熔丝但却不符合我们需要的材料。

（一）熔丝的选择和使用

在一个项目中，选择所需材料时，需要基于使用项目进行权衡，要考虑可用材料和成本等不同的因素。一些 3D 打印机仅能使用一种材料进行打印，于是带来了这样一个问题：该 3D 打印机是否可以使用其他材料来进行打印，以满足预期的目标？

在桌面级打印机所使用的常用材料中，其材料性质也会有着明显的差异。大多数 3D 打印材料为热塑性塑料（熔化时很柔软，冷却时变硬的聚合物）或热塑性弹性体（TPE，一种塑料和橡胶的合成物）。

常用的 3D 打印热塑性材料有聚乳酸（PLA）、丙烯腈 - 丁二烯 - 苯乙烯共聚物（ABS）和尼龙。

根据挤出机的特点，打印机也可以处理聚对苯二甲酸乙酯（PET）和聚碳酸酯。此外，还有一些更奇特的材料以及一些具有美学效果的有趣的混合物。随着 3D 打印技术的不断发展，更多的熔丝类型会不断出现。

一些挤出机喷嘴的温度上限可能低于一些材料所需的温度上限。因此，在选择打印材料进行打印时，需要注意下面几点：首先，需要考虑材料的强度是否足够，因为沿着材料进行打印要比跨层打印对材料强度的要求更高；其次，我们要考虑在使用不同的材料进行打印时会出现的问题，如恒温床是否是必需的，设计草图是否有问题，以及某些材料是否需要较慢的打印速度。

1. 方向强度

一台 3D 打印机所打印的物品强度有多高，取决于熔丝材质，同时也取决于打印的细节处理。打印物在 Z 方向上效果最弱（因为这层会被拉开），所以打印平台上的打印方向对于打印对象的强度也是有影响的。对于一个具体的打印对象应考虑以下几点。

①材料的固有强度。对象的操作环境是否会过热；对象的操作环境是否含有对材料有影响的化学品。

②对象的哪一个方位需要最强效果。

③不同生成方位所需的支撑结构。

④该模型外壳的厚度。

⑤填充图案和密度。

⑥脆弱性部件（尤其是小部件或支撑）容易折断。

2. 使用恰当的打印平台

一方面，打印物需要牢固地粘贴在构建平台上，这样才能确保在打印时，它们不会移位或脱落；另一方面，如果打印物被固定得太牢，平台或打印品也可能被损坏。

对于许多材料（如 ABS 和聚碳酸酯），平台需要保持一定的温度，使打印物能粘贴到平台上。一些 3D 打印机有恒温平台，而一些是没有恒温平台的，那些没有的可能就不能用这些材料进行打印。对于需要温床的材料来说，如果打印平台没有充分加热，那么它们在打印时就会变形。先被打印的材料层冷却时会收缩，接着从打印平台四角拉起。顶部的材料层由于温度较高，所以四角立起的幅度将会更大一些；而随着部件的冷却，上部的材料层同样也在收缩，最终会造成较为严重的扭曲。

除了加热，该平台表面需要选择与打印材料相匹配的材质。目前，弄清楚将什么粘贴到什么上是以观察或实验为依据的。Blue Painter 的胶带（3M 胶带效果似乎最佳）和高温 Kapton 胶带是常见的打印机床材料。使用胶水或其他黏合剂涂层的玻璃正在成为一种更加流行的 3D 打印表面材料。按照制造商的提示，一般的规则如下。

如果打印平台覆盖 Blue Painter 胶带，那么聚乳酸不需要温床。然而打印平台若覆盖有其他的东西（如高温 Kapton 胶带），那么打印平台就需要加热到一个低温来制作模型棒。

若有一个铺着 Kapton 胶带的热床，并且当打印平台冷却时，想要尝试用 Blue Painter 胶带在顶层打印聚乳酸 PLA 时，一定要确保床是冷的，同时将 Blue Painter 胶带以正确的角度放到 Kapton 胶带上，这样在移除它时，不会将 Kapton 胶带撕裂。Blue Painter 胶带也往往不能粘到 Kapton 胶带或者裸露的玻璃上，因为聚乳酸部件会变形，而该变形足以拉起胶带。

尼龙不能粘到其他许多材料上。Garolite（有时称为酚醛或酚醛塑料）是用于尼龙打印平台的一种好材料。某些打印机制造商销售可更换的 Garolite 平台，而不是让使用者在打印机上添加一个加热平台。

其他材料（如 ABS）在铺着高温胶带（如 Kapton 胶带）的加热床上表现也很好。一些打印机配有胶棒或其他材料，用来加强打印部件的粘连度。

3. 通风和气流

在 3D 打印机周围区域要注意进行通风。这是因为一些材料（如 ABS）气味的刺激性非常强烈，所以在使用打印机时，要考虑附近的人和物。

然而，当进行打印时，直接作用于打印机的气流可以带来正面的影响，也可以带来负面的影响（PLA 使用小风扇进行冷却时效果较好，但 ABS 却需要保持温暖）。最好的通风是将空气从打印机中抽走，而不是将空气吹入打印机。通常情况下，打印的气流可以用风扇进行控制，应该避免在不稳定和不可预料的气流中进行打印。

4. 熔丝的存储和处理

大多数熔丝都具有吸湿性（吸收空气中的水分），这会影响它的性能和打印质量。应该保持熔丝线轴干燥的同时避免极端的温度。若购买了熔丝线轴后不想立即使用，最好不要打开原来的密封包装。在使用时，请确保环境稳定。例如，将熔丝线轴存放在一个潮湿的车库中是不明智的，因为车库在夏天会变得非常炎热。

（二）温度和速度设置

当使用特殊材料进行打印时，需要考虑挤出机的温度（或者称为"打印温度"）、制造平台的温度（是否使用加热平台）以及打印速度的影响。如表 2-3-1 所示，列出了几种熔丝材料的参数。

表 2-3-1　几种熔丝材料的参数

材料	打印温度 / ℃	平台的温度 / ℃	速度
聚乳酸	210	60	正常
丙烯腈 - 丁二烯 - 苯乙烯共聚物	240	115	正常
尼龙 618	240	不加热 /Garolite	正常
HIPS	240	115	正常
弹性体	210—225	不加热 /Blue Painter 胶带，玻璃	非常慢
聚对苯二甲酸乙酯	212—224，但一些用户建议 250	80	慢
聚碳酸酯	> 270	非常高	可变的

二、熔丝材料

（一）光敏树脂

光敏树脂是最早应用于 3D 打印的材料之一，适用于光固化成型（Stereolithography APParatus，SLA），其主要成分是能发生聚合反应的小分子树脂（预聚体、单体），如其中添加光引发剂、阻聚剂、流平剂等助剂，能够在特定的光照（一般为紫外线）下发生聚合反应实现固化。光敏树脂并不算一种新的材料，与其原理类似的光刻胶、光固化涂料、光固化油墨等已经在电子制造、全息影像、胶粘剂、印刷、医疗等领域得到广泛应用。

3D 打印用的光敏树脂要符合以下几点要求：

①固化前性能稳定，一般要求可见光照射下不发生固化。

②反应速度快，更高的反应速率可以实现高效率成型。

③黏度适中，以匹配光固化成型装备的再涂层要求。

④固化收缩小，以减少成型时的变形及内应力。

⑤固化后具有足够的机械强度和化学稳定性。

⑥毒性及刺激性小，以减少对环境及人体的伤害。

（二）热塑性聚合物

1. 聚乳酸

聚乳酸（PLA）是 3D 打印中较为常见的材料。它通常是由玉米或类似的可再生材料制成，可生物降解。它可以在相对低的温度（约210℃）下被挤压，这意味着与其他材料相比，在制作挤出机打印的 PLA 时，更容易一些。另外，打印 PLA 不需要热床。但它的缺点是遇热容易变软，所以遇到具体情况需要多花点心思来考虑是否应使用 PLA 进行打印。

PLA 是一种用途很广的材料，很多打印机都使用一个小风扇来给 PLA 降温，从而提高打印质量。在进行 PLA 打印时，很难保持整齐，因为该材料冷却时仍然具有相当的延展性，因此不会整齐地被折断。在这个方面，切片算法正稳步提高。

PLA 有多种颜色和不透明度，甚至还有一种 PLA，当它暴露于 UV 光（如阳光）下时，颜色会从白色变成亮紫色。

有一些专有的混合材料，可以像 PLA 一样进行设置，然后打印。这些是注入了其他材料的热塑性塑料，它们表现出了有趣的打印材料属性。Laywoo-D3（以木材为主的 3D 打印材料）就是注入细磨木的热塑性塑料。在打印过程中改变一点点温度就会让打印物呈现出一个木质颗粒的外观。值得注意的是，用 Laywoo-D3 打印的薄壁物比较脆弱。同样，Laybrick 是一种注入了磨碎的粉笔的热塑性塑料，物品打印出来后看起来像石头。

2. 丙烯腈 - 丁二烯 - 苯乙烯

丙烯腈 - 丁二烯 - 苯乙烯（ABS）是另一种常见的桌面级打印机的熔丝材料。我们都知道它被视作一种经常用于制造许多玩具（包括乐高积木块）的塑料。与 PLA 相比，它是一种坚硬耐用的塑料，并且在高温下也能保持强劲的势头。但是，当冷却时，它往往会出现扭曲，在没有热床的情况下进行打印是具有挑战性的。

对需要很多支撑的打印部件来说，ABS 也是一个非常不错的选择，因为使用 ABS 制作的支撑比其他普通材料打印的支撑更容易被整齐地被截断。

3. 尼龙

尼龙（PA）是一种用途广泛的材料，因为薄的尼龙结构是灵活的，而较厚的尼龙相当坚硬牢固。对于功能部件来说，尼龙往往是个不错的选择，但必须要仔细考虑层的方向和部件中最脆弱的部分。尼龙 618 和尼龙 645 是两种可用的制剂。（所述数字指的是具体制剂的分子结构。）

尼龙丝特别容易从空气中吸收水分，因此一定要保证其干燥。尼龙通常是白色丝线，可以使用适合的染色剂进行染色。在时尚界的众多 3D 打印的例子中，有一个是设计师迈克尔·施密特和建筑师弗朗西斯·比通蒂用尼龙为艺人蒂塔·万提斯设计了一件铰接式 3D 印花连衣裙。

（三）聚己内酯

聚己内酯（PCL）是一种无毒、低熔点的热塑性塑料。PCL 丝材主要作为儿童使用的 3D 打印笔的耗材，这是因为其成型温度较低（80—100℃）而有较高的安全性。值得一提的是，PCL 具有优异的生物相容性和降解性，可以作为生物医疗中组织工程支架的材料，通过掺杂纳米羟基磷灰石等材料还能够改善其力学性能及生物相容性。此外，PCL 材料还具有一定的形状记忆效应，因此在 4D 打印方面也有一定的潜力。

（四）聚碳酸酯

聚碳酸酯（PC）是一种非常结实的材料，但它对于桌面级 3D 打印机从某种程度上来说仍是实验性的材料。因为它很难粘贴到构建平台上，因此用它来进行打印是有一定困难的。但是，如果用工业化的眼光来看，聚碳酸酯是一种发展性的材料。因此，在使用之前一定要仔细阅读熔丝制造商的文档，认真考虑打印机的局限性。

第四节　3D 打印机的使用实例

一、3D 打印的工艺过程

无论哪种 3D 打印工艺方法，其打印过程都可分为前处理、打印及后处理三个阶段。前处理主要进行模型设计和打印数据准备及与打印工艺方法相对应的数据处理；打印过程一般都是设备根据设定的制作参数自动进行的；后处理阶段主要包括清洗、去除支撑、打磨及改性处理等。具体细分的话，整个打印过程可划分为以下七个步骤。

①计算机辅助设计：用 CAD 等软件建造一个三维模型。

②转成 STL 数据格式：从 CAD 软件中输出并转换成 STL 数据格式。

③转到 3D 打印设备上或经过 STL 数据处理软件进行切片等处理后再转到 3D 打印设备上，由计算机控制三维打印机工作。

④设置 3D 打印机打印参数和打印前准备：对于怎样为新的打印工作做准备，每一台机器都有它独特的需求。这不仅包括填充聚合物、黏合剂和打印机所需要的其他材料，而且也需要安装一个托盘作为基础，或者需要使用一种能够建立水溶性支撑结构的材料。

⑤建造：让每台机器都做它自己的工作，建造过程几乎是自动的。

⑥移出：将打印好的产品从机器里取出来。这时要采取相应的保护措施以避免对人身造成伤害，例如戴上手套来防止高温的表面或者有毒的化学物质带来的伤害。

⑦后期加工：一般 3D 打印机打印出的产品需要做一些后期处理，包括刷去所有的残留粉末，或是冲洗产品以除去水溶性的支撑结构等。由于一些材料需要时间硬化，刚打印出的产品在这个环节是十分脆弱的，因此后处理操作时需倍加小心以确保刚打印出来的产品不被损坏。

二、3D 打印机制作房屋模型的步骤

123D Design 是欧特克公司发布的一套适用于大众的建模软件。用户可以利用该系列软件采取多种方式生成 3D 模型：可以用直接拖曳 3D 模型并编辑的方式建模；或者直接将拍摄好的数码照片在云端处理为 3D 模型；如果你喜欢自己动手制作，123D 系列软件同样为爱动手的用户提供了多种方式来发挥自己的创造力。不需要复杂的专业知识，任何人都可以轻松使用 123D 系列产品。

123D Design 的软件主界面如图 2-4-1 所示。

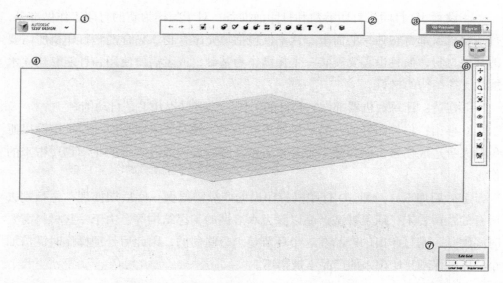

注：①应用菜单内容：显示软件的基本功能命令；②指令菜单内容：显示与建模相关的指令；③登录信息窗口：显示登录网页用户的信息；④操作窗口：设计建模的操作窗口；⑤视图立方体：调整物体的透视角度；⑥显示菜单：显示跟踪模式、大小的功能按钮；⑦单位：调整建模时使用的单位

图 2-4-1　123D Design 软件界面

下面将以 123D Design 软件为例，详细分析房屋模型的制作步骤。

（一）设计底座

利用 [Sketch] 草图菜单中的草图矩形 [Sketch Rectangle] 命令，制作长和宽各为 100mm 的四边形，使用 [Extrude] 拉伸命令，设置 Z 轴高为 5mm，至此房屋的底座设计完成（图 2-4-2）。完成底座后，我们将在其基础上，设计组装房屋模型的各种模块。

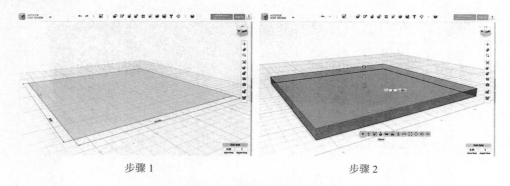

步骤 1　　　　　　　　　　　　　　步骤 2

图 2-4-2　设计底座的步骤

（二）制作基础模块

制作基础模块时注意房屋的高度最高不超过 100mm。

1."L"模块的制作过程

①点击 [Sketch] 草图菜单中的 [Polyline] 选项，绘制平面草图的数据如图 2-4-3 所示。

②当光标位于草图上时，点击鼠标右键，在快捷菜单中选择拉伸 [Extrude]，将箭头沿着 Z 轴向上移动 20mm，制作立体模块（图 2-4-4）。

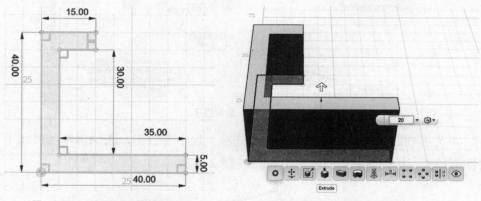

图 2-4-3　绘制平面草图的数据　　　　图 2-4-4　制作立体模块

2. 五边形模块的制作过程

①点击 [Primitives] 中的 [Polygon] 选项，输入半径值为 34mm，绘制出一个五边形（图 2-4-5）。

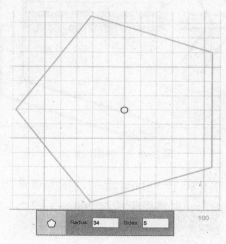

图 2-4-5　制出五边形

②选择五边形的一条边，按 [Delete] 键删除。点击 [Sketch] 草图菜单中的 [Polyline] 选项，选中五边形，在编辑草图模式下，如图 2-4-6 所示，输入数据，并将线条加粗。

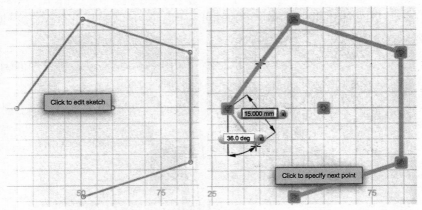

图 2-4-6　加粗线条

③点击 [Sketch] 菜单中的 [Extrude] 选项，选中五边形，在编辑草图模式下，将图形扩大，扩大前后两图形相距 5mm（图 2-4-7）。

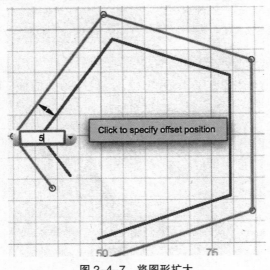

图 2-4-7　将图形扩大

④点击 [Sketch] 菜单中的 [Polyline] 选项，在编辑草图模式下，用直线连接两个五边形，形成闭合图形，并将图形拉高 20mm（图 2-4-8）。

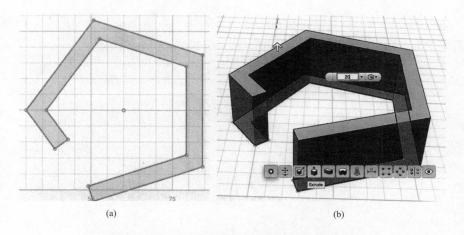

(a)   (b)

图 2-4-8　形成闭合图形，并将图形拉高 20mm

3. 半圆模块的制作方法

①点击 [Sketch] 菜单中的 [Sketch Circle] 选项，绘制直径为 50mm 的圆。选中圆，在编辑草图模式下加粗经过圆心的直线（图 2-4-9）。

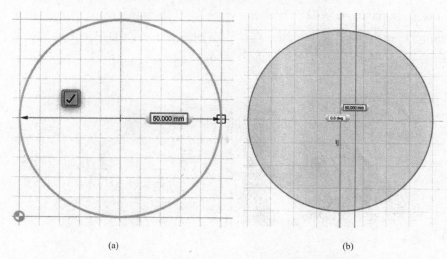

(a)   (b)

图 2-4-9　加粗经过圆心的直线

②点击 [Sketch] 菜单中的 [Trim] 选项，如图 2-4-10 所示，选中图形，在编辑草图模式下，以加粗直线为界，保留半圆，去掉另一半圆弧。

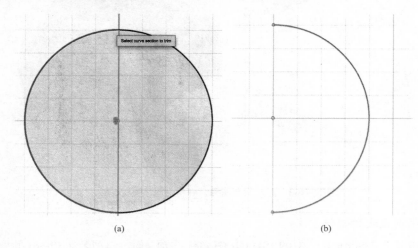

(a)　　　　　　　　　　　　　　　(b)

图 2-4-10　半圆弧线的制作

③点击 [Sketch] 菜单中的 [Polyline] 选项，在编辑草图模式下，加粗距离圆心 15mm 的一段直线。选中半圆，在编辑草图模式下，将图形扩大，扩大前后两图形相距 5mm（图 2-4-11）。

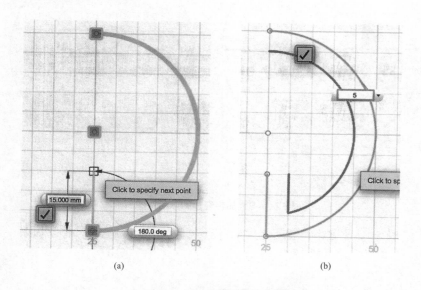

(a)　　　　　　　　　　　　　　　(b)

图 2-4-11　编辑并扩大半圆

④选中现有的图形，在编辑草图模式中，连接半圆形的末端，形成闭合曲线，并将图形拉高 20mm（图 2-4-12）。

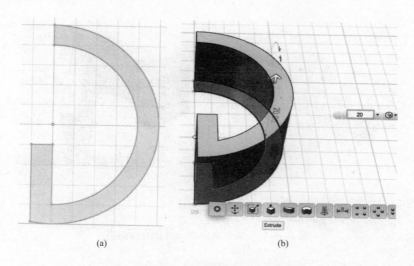

(a)   (b)

图 2-4-12　将图形拉高 20mm

4.三角形模块的制作方法

①绘制三条长分别为 40mm、40mm、15mm 的线段，并将线段加粗。选择图形，将图形扩大，前后两图形相距 5mm（图 2-4-13）。

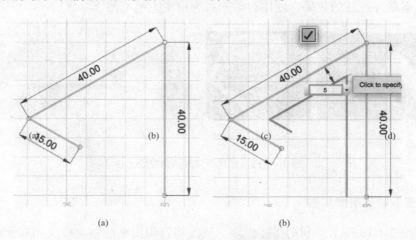

(a)   (b)

图 2-4-13　绘制三角形的数据

②选中图形，在编辑草图模式下，连接两个相似图形，形成闭合曲线。制作高为 20mm 的立体图形（图 2-4-14）。

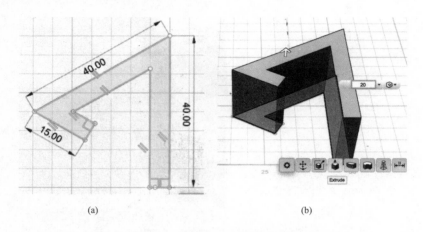

(a)　　　　　　　　　　　　　　　　(b)

图 2-4-14　制作高为 20mm 的立体图形

（三）打印

利用 3D 打印机将设计好的模块打印出来。

（四）后期加工

根据最终成品的效果，使用丙烯颜料为模块上色（图 2-4-15）。

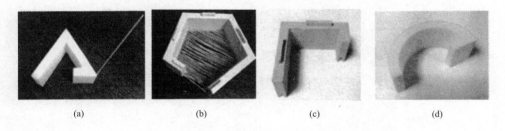

(a)　　　　　　(b)　　　　　　(c)　　　　　　(d)

图 2-4-15　使用丙烯颜料为模块上色

（五）制作房屋模型

如图 2-4-16 所示，利用拼插模块，依次将打印出来的基础模块用双面胶固定在底座上。在进行制作的过程中，注意将每一块模块都牢固地固定住，使用拼插模块的时候，要将拼插部位安装到合适的位置。

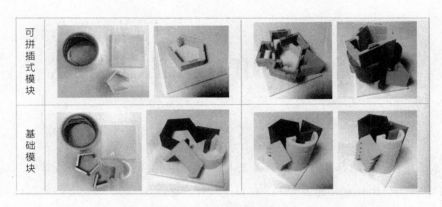

图 2-4-16　制作住宅模型

第三章　3D 打印技术的应用现状

本章主要从 3D 打印技术在航天工业中的应用、3D 打印技术在医学中的应用、3D 打印技术在机械制造业中的应用、3D 打印在教育教学中的应用四个方面对 3D 打印技术的应用现状进行阐述。

第一节　3D 打印技术在航天工业中的应用

一、概述

太空探索之所以如此吸引入，不仅因为它是对未知领域的探究，同时也因为它是对诸多技术难点攻克的过程。要想了解如何将 3D 打印应用于太空探索，我们必须先了解一下航空工业中的文化、目标以及技术难点。

目前人类空间探索能力增长缓慢的主要原因之一是惧怕失败。这种厌恶冒险的文化使得人们需要较长时间的发展和较长的生产周期以及较高的全寿命周期成本，以确保任务的安全。新方法往往被认为会增加风险，因此方法的改进被终止以保持现状或沿用原来的方法。实际上，只要利用合理，新方法总能降低风险。为了振兴太空探索以及发展强健的太空探索项目，这种文化必须改变。

3D 打印是一项革命性的技术，一旦正确地加以利用，则可以显著缩短研发生产计划，降低全寿命周期成本。因此，该技术带来的变革是正常且可接受的。在 John Kotter 的《引领变革》（*Leading Change*）一书中，John Kotter 推荐了八个可持续发展且有意义的变革步骤。太空探索的愿景在不断地变化，然而，这其中有几个恒定不变的主题，可总结为所谓的 von Braun 范式。简而言之，太空探索的愿景就是实现以下四个目标：

①具有可常规的、经济上可承受的到达近地轨道的能力。

②建立近地、天基研究站。

③月球移民。

④火星移民。

为了达到这些目标，我们必须发展安全、成本可控的航天运载工具。这个运载工具必须能够促进技术快速地发展与应用，此技术能够最大限度地拓展空间探索的潜能以实现最终的移民目标。运载工具必须支持一系列的功能舱，包括机器人探测和科学研究舱、机组舱、货舱。为了能够展示并采用新的航天器（与之前的多任务集成式航天器不同）以及新的商业模式（例如政府和商用航天发射器供应商），分工明确、模块化的运载工具是必不可少的。然而，用于实现上面四个目标的运载工具同样也能支持探索此类小型天体。

在这个任务构架体系中，需要包括运载火箭、空间飞行器、着陆器，以及包括诸如居留室和实验室等在内的适应月球和火星的基础设施单元。对于小型卫星来说，运载工具的服役寿命为 1—5 年不等，对于实现移民火星任务则需要大于 20 年。为确保维持长久的供应链，我们需要研发耐用的运载工具及子系统、替代组件和后勤基础设施——为了支撑整个探索系统以可承担的、及时的方式来实现展望目标，模块化的运载工具是必需的，它支持新运载子系统的展示和接入及替换。国际空间站（International Space Station，ISS）项目已经展示了模块化运载系统是如何支撑广泛的合作和增量式建造，这使得可持续的、长期的探索和开发得以实现。

在太空探索中，没有什么比将货物从起点运送到终点更具技术挑战性和成本要求。重力和火箭推进物理学的现实告诉我们，将有效载荷从地球运送到太空中的某个位置需要很大的质量。在发射开始前，一次任务的总质量通常被认为是在发射台上的质量（发射台质量），包括所有的发射质量或在近地轨道上的起始质量（包括所有从运载火箭发射到近地轨道上的质量）。由于一系列文化因素，包括认证文件、系统的复杂性、小批量生产等，我们可以仅根据发射台质量或近地轨道起始质量来大概估计一次航天任务的成本。除非发生如虫洞和曲速引擎等重大物理突破，否则必须解决发射质量问题才能降低太空探索的成本，除了推进燃料，发射系统的干质量包括所有东西。火箭方程式显示干质量、任务 Δv（速率变化）、由于重力引起的加速以及比冲（或 Isp 用来衡量推进效率，与每英里汽油消耗量类似）决定了执行任务需要的推进燃料量。

二、3D 打印技术应用于航天工业的优势

对于一次特定的发射任务，其中推进燃料的质量占发射台质量的 98% 以上，剩余的大约 2% 为干质量。近地轨道卫星的平均起始质量由 50% 的推进燃料质量和 50% 的干质量所组成。有四种通过降低质量来降低航天任务成本的方法可供研究。

①低质量（轻质）系统：这种方法主要是降低干质量。通常是依靠低质量材料的应用或设计，干质量的降低对推进燃料的所需用量有很大影响。

②低成本系统：这种方法主要是降低空间系统的生产成本。

③原位资源利用：这种方法主要是通过开发技术来减少推进燃料的质量以及干质量，使得任务可以就地取能，这样可以减少运输到目的地的材料。

④先进的推进器：这种方法主要是通过增加比冲来降低推进燃料的质量，从而通过减小推进燃料罐和结构元件（干质量的重要组成）来降低干质量。

现在我们已经对太空探索文化和愿景有了一定的了解，并且讨论了所需运载工具和技术的基本特征，接下来我们将开始评估 3D 打印作为可承受、可持续的太空探索技术的可能性。

（一）低质量系统

再次考虑将现有的产品制作方案转变为 3D 打印，但是这次我们将关注 3D 打印是怎样来减轻产品质量的。太空的发射成本大约是 10000 美元 / 吨，因此减少净重能够显著降低成本。例如，我们将会考虑由以下组件组成的火箭推进系统：

①结构。

②辅助燃料箱。

③平衡陀。

④火箭引擎。

首先采用 3D 打印方法降低结构重量。3D 打印在设计中所要采取的第一步将是用低密度材料的填充层来代替实体结构，例如带有一个很薄外层的蜂窝结构。从外部来看，这部分看上去是机械加工零件，但是从重量上要减重 80%。采用自由成型设备能够直接实现这种结构，通过粉末铺粉机械设备仅需要移除多余的粉末即可。依靠数字编程技术，能够实现低密度填充材料的自动化生产。而且，未来很有可能开发出更复杂的数字编程技术来优化填充物，从而满足结构强度、刚度和质量。这种降低构件质量的方法对于占 10%—20% 干质量的航空器结构和机械装置具有重要、直接的影响。同样的设计理念可被应用于航天器的各个方面，

以便实现明显的质量削减。

下面，我们来看一下辅助燃料箱的设计。辅助燃料箱是一个薄壁的压力容器，通常由合金制成。由于无法在结构上实现填充，因此下一步降低质量的方法是优化推进罐的形状设计。必须采用高集成的 CAD 模块、结构和热力学分析工具来决定如何加工成型零件，以满足强度、刚度和轻质的要求。附加的目标搜索工具，例如遗传算法，能够用来开发非直观性的设计，继而能够减少高度工程化的零件的临时性成本。同样的工具能够用于减材制造的零件中，然而设计过程如果仅使用减材制造成本将变得非常高，这就有可能使得 3D 打印成为这些先进工具发展的驱动力。这种设计理念的应用可包含厚的或薄的实体材料领域，以及低填充物或复杂的开孔形状。在这种情况下，整合辅助燃料箱结构可能会减少零件数量，并且能够消除两个系统组件相连的区域。所有上述过程都能够应用单材料加工实现，但随着逐步向多材料 3D 打印过渡，也将能够实现材料混合和过渡，从而使辅助燃料箱壁实现质量最优化。复杂的算法需要考虑到不同的尺寸、强度、质量、温度、合金、成本等因素来优化整个零件的材料系统。在此过程中新合金将可能被设计出来，满足更高的一种金属连续过渡的工业设计要求。

这种设计理念，能够应用于航天器上，使其进一步在质量和性能，特别是在热力学和成本方面得到实质性的提高。尤其是在低温推进箱中，平衡推进剂的蒸发和冷却剂的应用是一个行业难点。燃料箱设计成减少热量流入的结构形式，这样不仅能够减轻罐体本身质量，而且冷却剂用量和推进剂蒸发损耗量也会降低。在这种情形下，3D 打印能够为这种困难和挑战提供解决方法。

对于发动机平衡陀的制造来说，通过之前的设计理念同样可以减轻平衡陀组件的质量，但在 3D 打印中，最重要的质量削减模式，是将系统视为一个整体，并在多任务系统设计中将各部分合并之后再呈现。发动机平衡陀对于穿过可移动连接处的推进剂供应管路和布线要求很高。如果我们想在平衡架内部找到拥有大量内部自由空间的梁结构，设计人员更倾向于通过将流道和走线等整合到现有的母件中来营造这个空间，从而降低多任务系统的整体质量。有一个例子就是将推进管路嵌入平衡架结构外壁中。另外，通过在绝缘体以及平衡架结构中加入一个中央导体从而取消了圆形导线鞘。尽管取消了导线鞘似乎只减掉了很小一部分质量，但由于导线在航天器上的应用数量很多，所以质量和成本将同时显著下降。如果考虑整个空间运载器，就能够发现许多系统和零件都遵循这种设计理念，尤其是太阳能电力系统、环境控制和生命支持系统。

最后，简要地介绍一下系统中的最后一部分——火箭引擎。火箭引擎无时无刻不是在高温高压状态下运转。其中高度复杂的组件，包括阀门、涡轮泵、喷射器、燃烧室和喷嘴等。最佳的火箭引擎质量配置要求实现上述所有要求，也要求拥有多材料（包括金属、陶瓷、纺织品、复合材料、涂覆材料）设计及分析工具。火箭引擎的最优化将会导致额外的工作模型的复杂化，这就要求在各种条件下分析测试引擎性能，以确保 3D 打印设计理念能够在所有极端运转条件下得以实施。这种设计及分析工具的出现很可能还需要数年，但是我们开始将这种理念实施到火箭引擎组件的制造上，并深知对未来的期待，那么不久便会取得重大进步。

随着 3D 打印设计理念应用到航空领域，各种挑战也随之而来。为了适应这种变化，复杂结构造型的改进和分析方法的有效性也必须进行讨论。首先，必须改进工具以适应合理的、开源的，以及外骨骼式的设计。其次，转变材料的选择，例如采用复合材料。复合材料增加就意味着需要找出新合金材料以更换原零件。最后，这些新零件的制造工艺还需要进行新的资格认证，且耗资巨大。

3D 打印可以通过低成本和快速样品制造降低成本。这种为采用新材料而进行的资格认证将会挑战现有的规范。随着空间任务的成本显著降低，飞行测试新材料，进而进行验证成为一种可以接受的方式。通过组合组件和系统节约了成本和重量，但失败的风险将可能会上升。分析组件和系统组合方式及其失效模式，对于研究人员来说至关重要。这些问题的解决都需要系统工程学和其工具有极大的提升，如此整个系统才能成功。

现在可以确认的是，3D 打印能够提供减少空间系统净重的方法。优势与挑战是共存的，这些为实现空间系统的新模式而做出的新设计和分析工具也将对其他领域产生重要影响。因此，我们预期市场将会驱动这些工具的开发和实现。这样就给了太空组件制造者很多合作的机会，并使得他们能够专注于太空工业独有的问题。

（二）低成本系统

航天系统是高度复杂的小批量制造的系统。高度复杂和小批量制造这些特征与 3D 打印的高成本效益优势相匹配。在生产复杂、小批量构件上可降低 50% 的成本和时间，这点不容忽视，甚至是具有风险规避意识的航天产品制造商也应该予以重视。

基于节约成本的优势，许多制造商可能从减材制造转变为 3D 打印，但是那些真正有助于确保太空探索具有强大前景的创新者们会采取为 3D 打印设计的理念。这种理念超越了采用打印的构件取代机械加工构件，并过渡到完全利用 3D

打印的系统设计的基本理念。这种设计理念包括：

①通过整合后加工和装配所需工具的设计来降低工具成本。

②通过整合构件以减少整体构件数量，整合连接操作和装配工时的设计来降低人工成本。

处于开发阶段的系统是最适合使用 3D 打印设计理念的。现在我们来讨论将已经存在的为减材制造设计的航天产品转变成 3D 打印产品的过程，以及这当中涉及的成本收益和技术难点。首先我们来看一个包括喷油器和推力室的火箭引擎组件。为了简单起见，我们假设这些构件都是由相同的金属合金制造，并且这些组件适合于现有的几台 3D 打印机的制造容量。

现有的加工过程可能从为喷油器采购金属板以及为推力室采购铸件开始。由于我们转而采用 3D 打印方法，因此可以通过采购普通的粉末来降低一半采购量。此外，粉末可以根据后续生产这些构件或其他需要使用相同粉末的构件来大批量采购。除了可以降低采购人工成本外，我们还可以通过将构件调整为某种常用材料来降低追踪材料认证和存货的成本。与盘点、追踪几种不同尺寸的金属不同，我们可以追踪一种粉末编号。3D 打印的这个特点可以降低制造商的常备库存，以降低库存成本。此外，没有政府特种金属条款的影响，同样也有利于在采购周期上节约成本。3D 打印的原材料为粉末，这就使得寻找所需材料更加容易，可大大降低材料来源、实用性、价格波动对成本的影响。

显然，3D 打印可以显著降低采购阶段的成本和所需时间。但是，采用这个方法会面临一些障碍，从而带来一些临时成本。这些障碍包括但不仅限于以下几点：

①需要新的符合要求的供应商。

②需要新的符合要求的材料。

③公司可能没有 3D 打印机，从而需要符合要求的 3D 打印机供应商及其使用方法。

④改变材料和制造过程可能需要产品的再认证。

这些临时成本必须予以考虑，才能确定 3D 打印是否真的能带来成本收益。可能这些挑战会带来显著的临时成本，但这必须与其他成本节约因素一起综合考虑。在风险规避文化里，通过多产品来促使显著的改变通常被认为是无法实现的，而且如果一旦形成 3D 打印会带来较大临时成本的概念，可能会损害 3D 打印的前景。因此，综合考虑所有的因素，确保 3D 打印在合适的时间应用在合适的产品上，实现较大收益和获得文化认同尤为重要。显然，开发阶段对实现 3D 打印有利有弊。

假设采购阶段的分析没有亮点，我们现在准备进一步改进设计。首先，可以简单地比较两个过程之间制造零件的成本。预计成本下降 50% 不足为奇，且已经被证实可实现。尽管可以就此止步，并宣称已成功，但我们的目的是系统地削减成本，在下一步的设计规划中，我们可能会考虑将零件在 CAD 中相结合，作为一个整体将它们打印出来。消除连接过程，如焊接、钎焊过程，能够节省原本巨大的预算成本，同时也能够降低质量风险并提升力学性能。消除连接工艺过程来降低临时性成本，对于新的产品设计也很重要。

在这方面来说，设计的提升已经极大节约了预期成本和时间。此外，我们仍然能够通过设计来进一步削减机械加工和预加工的费用。空间探索产品相关的几个性能通常要求有严格的公差，例如接头、密封或液流通道，而这些通过 3D 打印无法实现。作为零件，这样的后加工可能是必要的。对于传统的减材加工方法，我们可能会发现，显著的成本都是花在了设计、生产、检验和跟踪工具方面。随着过渡到 3D 打印，我们有机会在以下几方面降低临时性和续生性的加工成本。

①确定需要机械加工的关键特征，但是允许非关键特征上出现松的公差配合和粗糙的表面。

②确定加工方向并且对悬臂结构最小化，以及将对支撑物的需求最少化，因为这些支撑物随后还需要被去除。

③将预加工整合到设计上，因此这种机械加工可以被碎化且不需要货物的储存或对材料进行追踪。

至此，我们已经开发出了能够大幅度流线化生产，从而带来产品生命周期长和节省预期成本的设计。然而，在获取阶段，我们有可能遇到几处设计问题，这包括如下几方面：

①如何保证新设计的热力学性能。

②是否拥有足够的材料数据使我们的分析让人信服。

这种类型的问题伴随任何新材料或新的加工过程而来，并且确定了如何分析评估特定零件取决于分析方法的成熟度和材料数据库。但是现在值得一提的是，有很多研究人员正致力于回答 3D 打印工艺中的这些问题。

现在我们假设已经完成了设计，并且准备好开始进行加工制造。传统的减材制造伴随着长时间编写控制指令，当需要编写新代码时成本会上升。随着 3D 打印的引入，编写代码的成本显著下降，通过能自动生成代码的切片程序的运用，使临时性成本大幅缩减。在减材制造过程中，必要的加工使得设置步骤非常烦琐；

而在 3D 打印过程中，设计阶段已成功消除了必要的机械加工过程，这使得设置步骤成本大幅减少。在减材制造过程中，废料占据了很大一部分成本，包括边角料、切削液等；然而，在 3D 打印过程中，不再使用切削液，边角料也大大减少。此外，与支撑物相关的边角料可做成易碎化的，以便能够高效率地低成本处理。最后，对减材制造零件进行返修的成本也是很大的，也同样包括一些难点，例如各机器间工序的排列。在新的 3D 打印过程中，我们能够发现返修成本的影响大大降低。可以明确的是，3D 打印在制造阶段提供了许多优势，但在其他阶段需要克服以下障碍：

①如何发展并控制构建配置？例如，如果要求构建支撑，那么它们的配置需要被控制吗？

②如何检验 3D 打印的零件？例如，注射孔是关键的特征，从推进室进行无损检测是困难或不可能的。

③如何评估、控制、使用以及对原料（粉末）进行重复利用？例如，我们是否被允许重复利用构造中未用尽的粉末材料？如果可以，那么是在何种条件下？

现在假设已经成功地完成开发阶段并且已经准备好过渡到由几个单元组成的产品中。对于从研发到生产太空产品来说，一大部分成本用于制图、工作指令及材料的追踪。在这一点上，3D 打印拥有极大的优势，它可以在构建文件中获得主要的质量参数，并且提供了一个固有的质量控制工位，可以极大削减转化为产品的成本。

目前单种材料的打印过程是最成熟的，包括塑料到航空航天用金属材料。

无论是旧系统需要替换的零件，还是在新开发系统中的新零件，其开发和生产都可以依靠这些过程来实现。在空间系统中，很少有塑料件，但是空间用金属，如钢铁、铝（特别是 6061 T6）及钛等对人们有极大的吸引力。性能优越的零件，如铬镍铁合金和二硫化钼、二硫化铼等材料的零件是必不可少的。依靠传统加工方法，零件总是从单一材料的原始坯料成型的，3D 打印初期也是以单一材料进行加工成型。采用激光、电子束熔化单一粉末材料的成型过程已经得以应用。自由成型，如激光自由成型（Laser Freeform Fabrication，LF3）和电子束自由成型（EBF3），为更大尺寸的零件生产提供了可能。

3D 打印中采用单一材料，将对空间产品制造成本有重大影响。目前的方案是假设喷射器、推进室由同样的金属合金制造而成。然而，更现实的方案是将两种不同金属材料进行复合。下面研究多材料 3D 打印在节约成本上的优点。与彩色打印取代黑白打印相同，复合材料 3D 打印将有可能代替目前大部分的 3D 打印。这一旦成功实现，将代替或消除零件的连接和装配，而这正是生产制造周期中风险最高的地方。一些 3D 打印方法，如 LF3 和 EBF3 具有这种 3D 打印金属的能力。目前，研究者在多种材料的混合和过渡方面有重大突破。多材料打印使得设计、分析过程更加复杂，因为目前多材料间的过渡分析模型研究还处于起步阶段，各种潜在的材料组合必须进行测试，以确保合格。由于多材料 3D 打印为成本和预算削减提供了巨大机遇，所以随着技术的进步，更多的研究将被投入构建工具和验证过程来支撑其复杂的能力。

阀门是空间系统中最贵并且长久应用的组件之一，正因为如此，3D 打印阀门被认为是空间 3D 打印中一种有效的方法。要想达到这个目的，需要具有紧配合特性的系统，并且具有金属沉积的能力，以及良好的质软材料系统。即使伴随着多材料系统的到来，很可能由于公差的要求，打印的零件仍需要进行后续加工。因此，成本节约的下一个层面就可能是依靠多材料的 3D 打印与减材制造相配合，这就是我们所谓的增减材制造，或者是 ASM。目前，我们在此方面找到了部分证据，3D 打印在机械方面的限制通过整合加工过程中的减材加工可以加以解决。ASM 发挥了 3D 打印的大多数优势，并且保留了最后成型件的高公差配合质量和低表面粗糙度。

总之，对于空间系统来说，3D 打印设计理念的实现为降低成本和预算提供了很大的机遇。对于实现这些节省来说，仍然存在许多技术问题。许多研究机构正在着手克服这些挑战。

（三）原位资源的利用

原位资源利用是一种空间结构设计理念，即发射任务所用原材料取自目的地，而不是仅仅依靠飞船运输。这种方法仅须运输用于在目的地执行制造所需的材料，因此可大大减少货物质量，降低空间发射成本。这种设计理念的一个延伸就是原位制造，即向目的地运输原材料和制造装备而不是所有可能需要的零件。这种方法为目的地提供了稀缺的原材料，降低了成本。空间 3D 打印技术在 3D 打印中会起到关键性作用，但在制造过程中将会出现与陆地制造不同的环境，包括低重力、低压力、大的温度变化以及静电等。因此，这部分我们将讨论对于长时间的太空探索来说，哪种 3D 打印技术最有价值。

目前，载人航天任务局限于地球低轨道，国际空间站是主要的研究实验室。国际空间站的内部环境需要考虑到低重力，但同时消除真空压力和温度变化。因此，太空的原位 3D 打印将在国际空间站中首次应用。一家位于美国国家航空航天局艾姆斯研究园的公司，目前正将一种塑料挤出型 3D 打印机运到国际空间站，来验证和演示低重力条件下的 3D 打印。如果演示成功，将会对国际空间站的物流运输产生重大影响，就能使得研究人员只运送原位制造所需的材料即可，而不需要运输备件，此技术将减少运往国际空间站货物的总质量。另外，原位打印允许研究人员在发射后改变他们的实验计划，以得到更多的试验结果。从长期看，这种技术会显著影响如以火星为目的地的长期载人任务，可以在前往目的地途中或在执行探索任务时制造须更换的零件。

粉床工艺在低重力环境下会有些困难。利用旋转设备创建一个人造重力可能是一种解决方案，但从旋转平台固定和移除工件可能会使情况变得复杂。使用静电在粉末上加力可能是另一种方法，但在电子束设备方面可能会遇到问题。LENSTM 的粉末喷涂也可行，然而，确保将粉体运送到目标位置而不产生残余粉料则至关重要。自由成型技术如 EBF3、LF3 等采用送丝的方法，看起来很适合低重力环境。随着低重力 3D 打印的日趋成熟，其在空间站外的应用将会愈加广泛。将外部研究和机器人应用于国际空间站，可有助于太空 3D 打印的实现。

国际空间站的外部环境存在较多变量，例如温度骤变、真空压力（尽管与现实的深空探测相比，国际空间站确实能够排除气体的干扰，并且在空间站轨道上存在较高含量的氧原子）和静电电荷。空间站每隔 90 分钟就绕地球一圈，大约 60 分钟在太阳光照下，30 分钟在阴影中运行。交替改变的热力学条件可能会对 3D 打印的零件产生很大的应力。最初，可以考虑仅在光照或阴影运行中进行打印来限制这种变化，但最终将必须解决这些问题。对于在陆地上制造的产品，分层热影像记录技术被用于控制质量，但基于空间的应用则需要对所得数据进行调整以生产出好的零件。机器可能需要旋转或利用旋转加工板来更加均匀地分配太阳能和地球反射到工件的热量。对残余气体进行成分分析，以确保不会因为氧原子或脱气而污染加工件。加工制造时，工件或机器上会产生不同的放电现象，因此需要特定的接地设备或放电缓解设备。工件的自动移除功能可以简化将工件移动到使用目的地所需的步骤。尽管需要考虑很多不利因素，但国际空间站研究平台为研究太空的 3D 打印技术提供了一个极好的测试平台。正如太空 3D 打印技术所展示的，人们希望它在飞船维修上能够得以利用。

航天器的维修通常是指在轨维修或卫星、飞船升级等。这项技术可能会先在近地轨道验证，然后应用于中地球轨道和地球同步轨道卫星。开发模块化的航天器系统并使用维修车进行原位修复或卫星升级，一些维修或升级操作需要更换或添加模块。原位制造可以生产维修任务以外的组件，修复模块化或受损组件。原位制造可以对宇宙飞船进行维修并延长寿命。同时，通过实行低成本维修和减少送入轨道的卫星的数量和质量来减少发射质量，降低任务成本。例如，可以修补由微小陨石造成的漏洞损坏或修复错误的接线。对于卫星装置，航天器寿命的延长可以对接在主机卫星上为其提供推进和动力，从而大大延长主机卫星任务的时间。许多现有卫星没有提供对接设计，而寿命延长卫星和主机卫星的对接过程高度复杂。在通过原位制造延长卫星寿命并完成维修任务这一过程中，3D打印可以起到重要作用。

大型任务需要大型结构件，在地球上制造、测试这些构件，之后再部署到空间，其成本非常大。例如，大型詹姆斯·韦伯太空望远镜，它必须装载在运载火箭整流罩中，需要复杂的太空船设计和复杂的部署机制。随着太空制造技术的成熟，可以在低重力条件下制造质量优化的产品单元，以减少发射质量和成本。太空3D打印技术可以原位制造太空飞行器，并且能够从设计和物流理念方面给太空体系结构的制造开辟一个全新的视角。例如，空间飞行器结构的原料将被运到近地轨道用于制造宇宙飞船。类似于在地球上建造建筑，太阳能电池阵列板、电子盒、推进系统等模块化系统零件，可以先于外部结构在轨道上将其安装。当组装完成时，表层将会被封装，甚至将其打印出来。除了结构件，这种制造航天器的方法会对太阳能电池板、散热器和天线的质量有显著影响。此外，作为航天器组件成本和质量的一个重要部分，因为组件在发射过程中可以优化封装、定向和保护，发射负载可以更容易地被装载。当进入轨道后，组件被分解并安装到卫星上。这种方法可以提供给船员大体积的居住环境，对载人飞行任务有很大促进。目前，正在探索将充气结构运用于制造大的飞船容量，但是在未来，原位制造工艺也许可以提供最佳解决方案。

在将来，随着对太空的不断探索，人类最终会在地球轨道以外的地方制造出太空小型研究站、哨所和定居点。从地球运送物资到可能的目标，如月球、小行星和火星，需要巨大的资金及复杂的物流系统，这就为原位资源利用提供了一个强大的商业契机。其优点之一是可以在目的地发现材料，但最终结果是发射质量的减少和任务成本的下降。对推进剂的评估表明，原位资源利用比其他任何技术对任务中搭载质量的影响都大。很少有人研究原位资源利用对结构的影响，但是我们可以认为利用原位资源建设太空前哨站将尽可能地减少太空探索的重量和成本。迄今为止，大多数空间构架研究都集中在将结构件运送到目的地，然后再现场组装。一个更加经济的方法是派遣侦察任务机器人（称为勘探者）来分析目的地的材料和地形。

在地球上实施类似的任务来对所需的 3D 打印过程加以验证，鉴定材料类型和设施位置。一旦通过验证，机器人将被发送到目的地，寻找材料并提供给自由成型的 3D 打印机器。然后，这些机器打印出探测任务所需要的结构件。月球和火星都覆盖着细小的灰尘，这些灰尘对于粉末 3D 打印可能是有用的，或能为挤出机提供原料。地球、月球和火星的地表层含有二氧化硅、二氧化钛、氧化铝、氧化铁、氧化镁和氧化钙，所有这些物质都可能应用于制造前哨站。从基体材料中分离和存储氧气，可以为太空飞行提供氧气或用于推进的氧化剂。

如果目的地为月球和火星，太空 3D 打印过程将产生新的变量。新的变量很多，我们将简要探讨几个例子。我们感兴趣的大多数目的地都远离太阳，3D 打印的热梯度将比正常值大。我们必须考虑这个因素，与地球上进行的实验相比，它将使太空 3D 打印工艺变得更加复杂。此外，机器在地球、月球的表面移动时，表面也会堆积灰尘，这就需要 3D 打印机器能耐灰尘，并且也需要考虑灰尘在被加工结构件表面的积累，系统也可能需要构建除尘系统。火星上存在尘埃和重要的大气，如果制造过程是在室外进行，制造前哨站外部附属的结构件必须考虑天气的影响。最后，还要考虑到在这些目的地的信号延迟，还要求所有制造过程自动进行，这就增加了额外的复杂度。在地球上，我们可以暂停坏的加工，执行修复，然后继续或重新启动，然而，在外太空，我们必须将这些功能集成到为原位资源的利用而设计的 3D 打印机器中。积极的一面是，在解决这许多问题的同时，可以制造许多可靠的机器，也可以改进地球的 3D 打印技术。

（四）先进推进系统

除了虫洞和曲速引擎等理论上的工具外，可用于支持太空探索的主要驱动系统，都是利用热或电工作的。3D 打印能降低驱动系统的成本和质量，然而，3D 打印也可以用来提高推进效率，并降低推进剂质量。因为推进剂质量可以占到整体质量的 98%，任何推进效率的改善对太空探索的能力和可持续性都会有深远的影响。

热驱动系统（高推力驱动）的比冲（油耗）依赖于其燃烧温度，而燃烧温度受限于火箭发动机所用的材料。存储燃料产生的比冲通常在 220—250 秒之间，工作温度在 800—1800℃之间。在这个区间的高端，特殊材料如铼和铱必须用来控制氧化。这些依靠高级 3D 打印制成的零件系统使用新合金，不仅可以改善成本和交货时间，同时也可以提高火箭发动机组件的高温性能和结构强度，从而使推进剂产生的温度更高，进而得到更高的比冲。储存的低温双元推进剂产生比冲的范围在 300—452 秒，其燃烧温度会上升到超过 2700℃，这就必须使用再生冷却式组件。3D 打印可以用来嵌入冷却管道，而这些冷却管道过于昂贵或不具备使用减材制造加工的可行性。这种能力可以改进比冲和有提高冷却效率的潜力，从而实现低材料成本。3D 打印的再生冷却通道以及工程辐射屏蔽的融入不仅可以显著改善这些引擎的性能，而且可以提升系统的安全性。比冲范围最高的热推进方式为核热推进，通过核燃料加热推进剂（通常为氢），产生推力及 900 秒的比冲。

太阳能电推进系统，利用静电力或电磁力产生 400 秒到 10000 秒以上的比冲。因为依赖于太阳能产生推力，故这些系统有时会被称为低推力推进。现代太阳能动力系统只能提供数千瓦的电力，从而导致推力水平仅在毫牛级别。由于电功率决定推力，电动推进系统需长时期的工作，所以与高推力热系统相比，电推进系统推进效率较低，总 Δv（速率变化）增加（通常为 2 倍）。正如我们先前所讨论的，增加 Δv 需要更多的燃料，然而电推进系统通常提供 4 倍的比冲净增，从而可使推进剂质量减少 50%，推进剂质量减少了 50% 会极大地改善太空任务的成本。因此，电推进的使用在显著增加。3D 打印可以通过改善磁结构、电绝缘体和增强引擎效率的离子光学件来提高电推进系统的效率。然而，一般电动推进系统效率已经高达 50% 以上。因此，对这些系统的性能的最重要的影响是提高航天器层面的功率质量比，从而增加太阳能电推进系统的总推力潜能。3D 打印的轻量结构的太阳能电池阵列、高可靠性滑环和太阳能电池板驱动器都能够显著地改进太阳能电推进系统，但对太阳能电推进系统效率影响最大的是太阳能电池本身。3D 打印高效、抗辐射，轻质量的太阳能电池是节省推进剂的关键。此外，太阳能电推进系统在高电压水平下运行最好，然而这会给太阳能电池阵列带来一个问题。因为随着电压的增加，产生电弧和离子雾相互作用的风险就会加大。3D 打印可以对太阳能电池和太阳能电池阵列提供完全封装，从而消除这种风险，使在高压下运行的太阳能电推进系统能实现更高的效率和减轻质量。这些优势可节省燃料 10%—20%，从而实现太空任务的质量和成本的显著减少。

3D 打印对于电推进和热推进具有许多潜在的优势。我们刚刚开始探索系统，但最终的结果是使推进剂质量显著减少。

第二节　3D 打印技术在医学中的应用

一、个性化植入

3D 打印正在快速占领个性化医疗植入物制造领域。3D 打印开辟了一条新颖的制造和设计个性化产品的路径。医学植入领域不是新的学科，如关节置换假体已经存在很长一段时间。在某种程度上，其中一些已经开始使用传统的制造方法进行个性化制造。例如，市场已经在宣传与患者匹配的植入物，虽然只是限于特定的、异常的骨缺陷患者，或者功能性损坏、肿瘤切除及其他疾病引起的功能畸形的患者。在这种情况下，通过计算机断层扫描（CT）或核磁共振成像（MRI）对患者进行扫描，来评估骨缺陷尺寸，并创建可取代缺陷部位的物理骨模型。利用该物理模型和患者的 CT 或 MRI 扫描结果设计个性化的植入物，最终使用传统方法进行加工。通常情况下，已加工的植入物和物理骨模型被运到医院，外科医生可以使用骨模型来确定植入物的最佳位置。虽然临床上是成功的，但是使用传统加工方法制造植入物非常耗时，而且原材料浪费较大。此外，在一定程度上，手术结果依赖于外科医生将植入物放置在正确的位置的能力，所以要以提供的塑性骨模型来作为一种术前的视觉和触觉帮助。此外，与植入物本身同等重要的就是植入物的加工方法，如果可能的话，利用 3D 打印技术可以更好地促进设计，设计出患者的专用器械和手术指南，帮助外科医生准确定位植入物的位置。

意识到 3D 打印技术领域及相关法规仍在发展中，本部分内容旨在让读者了解医疗植入物的各种细微差别，特别是骨科及个性化设计和使用 3D 打印设备等方面的问题。本部分内容最后对与 3D 打印技术相关的医疗植入物及设备发展进行了展望。

（一）临床应用

在临床使用之前，植入装置必须明确不同国家的监管审批流程。下面是一个非常简单的医疗器械法规解释，以及它们是如何影响个性化医疗产品的。我们须意识到，收集信息、了解新技术各个方面的含义以及研究人员、合作者和监管机构建立共识都需要时间，并且法规总是要遵循技术的发展而变化。我们也应注意，不同国家之间医疗器械法规是存在很大差异，并且复杂多变的。此外，获得最新法规、指导性文件和医疗设备的标准的最权威的机构是官方食品和药品监督管理局，这点可通过国际标准化组织（ISO）网站了解。

以美国为例，医疗器械是根据其对患者的风险等级进行分类的。一般来说，Ⅰ类器械包括压舌板等。然而，基于风险和潜在的未知水平，骨科植入物属于Ⅰ类或Ⅲ类。Ⅱ类器械要求设计持有人证明接受审查的装置与以前通过审查的装置的等效性。如果该设备与以前通过审查的装置是等效的，那么人们对该设备的特点就相对比较了解，并且对风险的水平和风险缓解程序都有很好的理解。

对于骨科植入物，其与以前通过审查的设备不同，具有更高的风险水平，要使用一个单独的分类。第Ⅲ类有一个监管路径非常具有挑战性，其审批程序也很耗时，有时会历时几年。

除此之外，法规对装置的设计持有者使用 3D 打印生产特定患者的仪器和设备提出了挑战，包括那些具有相同功能，但为符合解剖或者特定患者的生物力学要求而形状不同的个性化植入物该如何获得监管部门的批准。

作为个性化的追求，涉及更大的复杂性，因此这一法规要求变得更加复杂。可想而知，医疗设备可以根据患者的解剖、骨密度、骨的孔隙结构，以及特定的抗生素涂层、肽和其他个性化的生物分子量身定做。3D 打印技术的出现带来了成功的可能性。3D 打印不仅可以使植入物匹配患者的骨骼，也可以用于制造因位置的改变而引起密度变化的植入物，从而影响种植体重建部位的力学性能和生物力学状态。可以通过加工不同的多孔生长表面植入物，从而产生适配的生物固定。不管这种差异有无必要，但不可否认的是，3D 打印技术的现状可以加工出这样的植入物。遗憾的是，现有的监管框架并没有很好地调整以适应这种很有潜力的技术。相信监管机构在意识到 3D 打印的潜力及创建个性化植入物的能力之后，强大和精心设计的法规将最终会被颁布。然而，一个合乎逻辑的做法可能是为低风险产品制定法规，并逐步扩大范围将高风险产品包括在内。正是由于这个原因，目前可以用个性化的仪器和装置来正确地放置植入物，而更高风险的个性化植入物的开发正在等待相关规定的出炉。

当然，这些设备将仍然需要满足所有现有适用的标准、FDA 的要求及外国监管机构的要求来实现在这些国家的销售。

（二）植入物的大小

在手术室，除了实际植入物，外科医生还需要借助仪器。在手术前，外科医生使用基于特定患者的 X 线摄片，以确定用于手术的植入物的大小。将带有形状和尺寸信息的植入物覆在特定患者的 X 线摄片上，以确定适合患者的最佳植入物，这一过程被称为放样。模板是由植入物制造商提供的特定设备，目的是帮助决定选择的植入物的最佳尺寸。此外，模板有助于医生确定手术切口位置以及植入物的位置。在某种程度上，放样制模是为每个患者确定一个个性化产品的第一步。

而大约在十年前，胶片 X 射线是常用的，但现在许多医院已经转为运用数字 X 射线系统。目前的做法是结合患者的 X 射线结果和植入物的轮廓分析来确定一个特定患者需要的植入物的合理尺寸。这是通过专用软件完成的，这些软件可通过许多上市前通告审查的供应商获得。X 射线图片投放在屏幕上，根据已知的缩放对象进行校准。很显然，一个通用的缩放对象是最佳的，但一般的 X 射线技术人员仍然使用他们自己的缩尺。如果没有在 X 射线中看到标记或标尺，一些软件工具会自动假设 X 射线在 115% 的缩放程度。这就可以使模板等比例缩放在视图中，然后移动到一个适当的手术位置。通过这个过程，一个手术外科医生可以从那些提供的模板中确定最佳的配合。这个特定的模板决定了患者植入物的尺寸。

（三）牙科行业的植入

个性化产品最明显的进步是在牙科使用数字制造方面。利用咬合的可塑造型设置塑料模型，从而形成患者的口腔负模型，这种方法在近十年前是常见的。然后用其铸造出硬模型，产生一个真实的口腔印痕和有缺陷的牙齿。利用这些信息，牙科医生会在牙科实验室研磨一种材料，给患者制造出一颗修复性的牙齿。然后这颗牙再被送回到牙科医生那里，以评价其尺寸和形状是否合适。这个工作流程要求患者需要多次与牙科医生会面。除了这种不便之外，由于热固性塑料和硬化石膏的固有收缩，在最后零件中出现尺寸和形状偏差是很常见的。后来，研发工作者开发出一种固化过程中没有变形或收缩的可塑性材料，但这对该领域的发展并没有起到质的影响。随着数码摄像的出现，在牙科中出现了许多质的变化，它可以拍摄到患者口腔的图片，并且这个软件可以描绘出牙齿图像上的缺陷。详细地说就是这个摄像系统可以拍摄患者大量的牙齿和口腔图片。使用专门的软件，使用这些图像使患者的口腔和牙齿进行一个三维再现。牙医再对所捕获的数字图像标定缺陷。考虑到咬合齿的几何形状，以确保适当的咬合，该软件会创建一个三维体积的缺陷。该软件会输出一种 CAD 文件，该文件被发送到一个 3D 打印机器上，当患者等待时，打印出植入物。然后外科医生植入这种通过 3D 打印的个性化产品。将现有的工作流程与十年前的工作流程进行比较就显示出了数字制造的优势。

患者不需要多次诊疗并且避免了模具误差导致的尺寸偏差，植入牙的配合质量更加优异。

（四）骨科植入

1. 帮助患者更直观了解病情

老年转子间骨折是临床常见病，快速治疗理念认为老年转子间骨折宜于入院后 48—72 小时内手术，会在防止并发症、提高患者生活质量、延长寿命等方面有明确优势。良好的术前医患沟通尤为重要，其可能影响患者手术时机、围手术期依从性、术后恢复等问题。3D 打印技术是近年出现的一种从图像到三维实物模型转化的新兴技术。以往的医学影像图片多为二维图像，阅读相对困难，导致患者及其家属对疾病的理解及认知有限，一定程度上影响医患沟通效果；而 3D 打印技术可以直观展示立体模型（图 3-2-1）、模拟手术过程，可以实现触摸仿真物，能很好弥补上述不足。

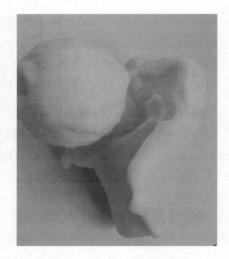

图 3-2-1　3D 打印立体模型

3D 打印技术是一种通过材料的逐渐累积来实现制造的技术。它利用计算机相关技术将 3D 模型切成一系列"薄片"，3D 打印设备自下而上地制造出每一层"薄片"最后叠加成型为三维的实体零件。这种制造技术可以实现传统工艺难以或无法加工的复杂结构的制造，可以有效简化生产工序，缩短制造周期。

3D 打印技术已经被广泛应用于骨科，包括健康宣教、手术规划与设计等方面。目前，老年股骨转子间骨折的治疗策略为早期手术干预，快速治疗；术前积极医患沟通，可以帮助患者及时决定手术治疗，提高生活质量。利用 3D 打印相关技术进行术前规划，患者可以直观感受手术方法，降低对手术的忧惧（图 3-2-2）。

图 3-2-2　利用 3D 打印模型进行医患沟通

2. 膝关节置换中的应用

老年人是好发膝关节疾病的主要人群，如膝关节骨性关节炎等。目前临床对于此类关节疾病的主要治疗方法是采用膝关节置换术。临床行膝关节置换术成功的基础是精确截骨。在既往传统膝关节置换手术中，患者的截骨范围通常根据医师的个人经验和手感确定。此方式虽然可以保障手术顺利完成，但缺少精确性，且会在打开髓腔的同时增加患者感染和脂肪栓塞的风险。若手术医生缺乏相关临床经验，导致术中对患者病变程度等情况判断错误，使患者下肢力线偏差增大，不仅会增加手术时间及术中出血量，还会造成患者预后不良，甚者手术失败。近年来，3D 打印技术在各个领域均发挥了良好作用。

临床上，3D 技术打印患者骨骼模型可协助医生观察患者病情及制定手术方案。有研究表明在膝关节置换术中应用 3D 打印技术可降低术中出血量和脂肪栓塞等并发症发生率。为探讨安全高效的膝关节置换术方法，下面我们将举例说明3D 打印技术在膝关节表面置换中的应用效果。

以 3D 打印组患者行 3D 打印技术下膝关节置换术为例。应用双源螺旋 CT 对患者下肢进行扫描，根据 CT 数据进行 3D 重建模型并测量下肢力线：以股骨髁间窝、股骨髁间窝顶点处外侧髁中点、膝关节间隙水平软组织中点、胫骨髁间嵴中心和胫骨平台的中心点作为膝关节中心点绘制解剖线作为骨干中线，解剖轴线与股骨或胫骨走向一致且等量平分。采用连续螺旋 CT 对患者膝关节进行扫描，电压 120kV，矩阵 512×512。将扫描结果导入 Materialise Mimics 14.0 软件中，采用表面遮盖显示法（SSD）进行三维重建，采用 Imageware 12.0 软件进行分析，生成膝关节三维模型即为截骨模板。再使用 UG 8.5 软件处理骨骼文件，确定股骨和胫骨截骨平面，设定截骨定位孔。采用 Pro660 全彩色石膏粉末 3D 打印机（美国 3D Systems）打印骨骼模型，采用光固化树脂 3D 打印机（东莞市鸿泰自动化设备有限公司）打印截骨模板，打印材质为光固化液态树脂（图 3-2-3）。将骨骼模型

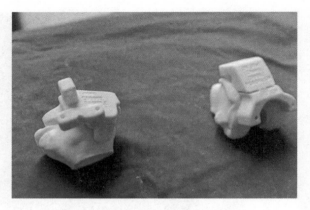

图 3-2-3　光固化液态树脂骨骼模型

和截骨模板低温灭菌后封装备用。外翻髌骨，修整髌骨平面，电刀烧灼髌周去神经化，切除前交叉韧带及内外侧半月板。根据模型去除关节周围骨赘，于股骨远

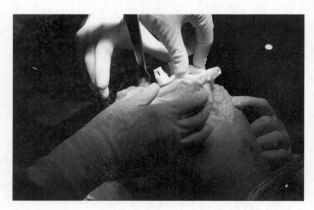

图 3-2-4　3D 打印技术下膝关节置换术

端安装截骨模板，并使用电刀标记，去除软骨，再次放置截骨模板，打入定位针后去除截骨模板，进行股骨截骨（图 3-2-4）。胫骨截骨方法同上。根据术前测量结果安装膝关节假体，抗生素骨水泥固定后清理表面，再冲洗 2 次，周围组织注射氨甲环酸 2g，放入万古霉素粉剂 1g，可吸收线逐层缝合并包扎。

（五）常规产品的 3D 打印

为了了解 3D 打印在骨科制造领域中的发展潜力，就必须要考虑体内骨表面生长的演变过程。由于金属植入物表面粗糙或为多孔结构，所以骨植入物通常使用能够与周围骨融合（骨整合）的金属体系（钛合金、钴铬钼合金等常见合金）。传统制造多孔结构的方法包括粉末烧结和喷涂。但是，现如今人们对骨表面融合的理解更加深刻，推动了骨融合表层更加多孔化及仿生化，使得人造骨更加类似于自然骨。通常我们认为大孔隙能够提供足够的骨融合空间。

目前针对骨损失严重、骨质差的问题，临床上越来越关注植入骨与宿主骨之间的连接，对骨融合的需求也在不断增长。目前多孔结构的制造方法包括粉末冶金烧结、物理气相沉积、化学气相沉积等。虽然这些多孔结构在临床应用上起初被认为是成功的，但是这些结构并不是真正意义上的仿生结构。为了使多孔结构能够达到真正意义上的仿生，人们逐渐开始考虑利用 3D 打印方法来制造人造骨骼。3D 打印的优势就是能够生产具有不同孔隙度、弹性模量和孔洞结构的骨融合层，可以达到仿生自然骨结构的目的。通常的生产流程如下：

①包括实体和多孔区域的计算机辅助设计文件的生成。

②构建多孔结构的细节，使它尽可能地仿生。

③机械加工表面应确保配合组件精确配合，如用超高分子量聚乙烯（UHMWPE），要求避免因为细微摩擦而产生的碎片。

④将残留在零件表面的金属粉末、加工时的辅助剂（如冷却液）清洗干净。

⑤满足 ASTMA967-13 的钝化标准。

（六）个性化植入物的 3D 打印

以上生产流程不一定用于制造个性化产品或特殊患者的植入物，但我们可利用 3D 打印定制个性化的植入物。下面以制造胫骨高位截骨（HTO）患者手术所用的元件为例详细地阐述如何去指导并定制个性化的植入物和导板。这通常用于患者股骨髁、股骨髁错位引起的一种不稳定性的矫正手术，手术要求不损害或危及关节软骨和膝盖的半月板，需要确定患者损伤部位的错位程度等具体信息。因此，在手术前需要进行 CT 或 MRI 成像。根据此信息，外科医生在低于胫骨平台区域设计一个槽，这个开槽区域将放入植入物从而推动上胫骨平台来纠正错位。与操作的外科医生合作的设计团队将设计 HTO 导板帮助医生进行定位，在胫骨的区域进行必要的切割。再设计一个植入物楔块，使其与骨组织的皮质骨组织达到无缝配合。根据设计的楔形，再制造钛合金植入物、尼龙导板和尼龙试用体。由于这些组件是为患者特别定制的，因此 CAD 文件包含有患者特定的代码，表明该组件属于某一个特定患者，从而避免了与其他患者混淆。在手术过程中，该导板用来为植入物移入骨床做准备。最后，植入物放置在楔形腔后按照 HTO 方案进行常规手术。由于设计的导板和试用体都是基于特定患者的，因此手术后它们会被丢弃。

另一个实例是关于法兰式的髋臼假体。这种植入物看起来像一个三连体的法兰，实际上是髂骨、耻骨和骨盆的坐骨组成的三连体。恢复髋关节功能的手术涉及骨盆不连续性的髋臼骨缺损的修复，对外科医生而言极具挑战性。植入物的放置位置、稳定性问题以及使其恢复功能等问题变得更加复杂。事实上，几乎没有可利用的标准的骨盆髋臼壳。目前，一个极具潜力的治疗手段是使用同种异体关节移植，但是可供移植的关节并不容易得到，或者不是一个有效的骨融合支架。虽然同种异体移植被认为是安全的，但存在从供体转移到接受者病变的风险。外科医生通常没有太多选择，只能为患者定制三翼髋臼假体。利用患者的 CT 扫描信息，设计出三个法兰的尺寸、形状以及方向使其与剩余骨紧密配合。在设计假体时，确定三翼髋臼假体的定位需要在设计方案中设计多个螺钉孔。患者的骨模型和设计的植入物必须送外科医生审批。经外科医生批准后，骨模型和植入物被送至制造商处作为制造工具制造植入物。截至目前，大多数这样的法兰髋臼假体是用这种传统的方法制造。之后在假体表面覆盖一层多孔生物材料。当然，这个过程耗时较长。3D 打印有望改变这种传统的制作流程，但新方法也需要外科医生对植入假体进行设计指导和审批。3D 打印植入物及多孔结构将会使制造过程实现流水作业。因为多孔结构能同时生成，所以这种制造方法将会节省大量的材料，同时缩短制造时间。

二、3D 打印在人体解剖学成像中的作用

定制的植入物和手术治疗指南要求医生对患者的患病处进行解剖。如果没有数据，3D 打印的巨大潜力将变得毫无价值。运用 3D 打印技术制造植入物的一个关键就是通过三维医学图像生成 STL 数据。值得注意的是，现有的三维医学图像的精度和分辨率均比现有的 3D 打印设备小几个量级。技术人员利用医学扫描设备来采集这些数据。目前采集这些数据的模式主要有四种。最常见的三维数据采集方法是 CT 及 MRI 成像，最近开始应用超声波和 X 射线。CT 和 MRI 是将二维图层切片逐层叠加成三维形状。X 射线已被用作一种二维模板源输入来制作标准的植入物。

（一）计算机断层扫描

CT 是一种利用 X 射线对三维物体进行扫描的技术。CT 值的单位名称为 Houniled，简写为 Hu，是组织密度相对值。空气的 CT 值为 1000Hu。患者骨的质量不同，该值可以从 700Hu 到 3000Hu 变化，扫描可以很快完成，对骨科来说最容易进行重建，在图像中没有软组织，只有骨、钙化韧带和肌腱是可见的，但是为了采集这些数据患者会受到射线辐射。

（二）核磁共振成像

相对于 X 射线，MRI 对患者的辐射危险小一些，并且能提供软组织的信息。这些扫描仪在通用单元中创建图像，但只能对当前通过扫描得到的细节进行比较。虽也有在不同扫描间进行校验的方法，但价格比较昂贵。MRI 扫描的分辨率比 CT 低，扫描时间相对较长，一般需要 10—30 倍的时间来捕捉和创建数据库，这对于患者的耐心是一个挑战。在骨科，MRI 成像可以提供包括软骨和软组织在内的相关数据。但是，这些数据是不均一的，需要人为干预来确定三维形状。MRI 成像有临床上的危险性，但是不必担心这个问题，扫描的同时设备会密切监测辐射比吸收率，即人体吸收的能量。所有的扫描设备都会保证不超出吸收极限，这导致扫描时间变得更长。另外，MRI 成像的成本较高，3D 成像存在变形问题，而其他方法不存在这个问题。如果用 MRI 生成 3D 打印所用的特殊患者的 CAD 数据，必须要慎重以确保这些变形最小化。

（三）超声波检测

超声波检测借助点云技术可以非常精确地创建三维的骨骼形状。但是由于其他骨骼和运动捕捉系统的限制，三维图像可能存在间隙，这就需要多个三维形状整合在一起以便获得一个实体的骨骼。

（四）X 射线

前面所述的三种方法都可以创建患者真实的三维空间模型，而 X 射线图像仅仅是二维图像，几乎没有或仅有少量的三维信息。对于 X 射线来说，从一组或多组 X 射线图像中统计其形状模型可以来预测患者的解剖结构。当然，用户必须能够获得这样的数据。此外，这种方法很多依赖于底层数据驱动的模型，非常依赖数据集数、数据集类型和数据集的质量。数据收集得越多，三维重建的模型就越精确。因此，拥有特定的要重建的解剖结构的数据集类型是关键。这意味着，如果想要进行髋关节整形外科手术，那么就应该有类似临床条件下的髋关节数据。

三维模型形成后必须转换成市面上销售的 3D 打印机可识别的格式，STL 数据就是典型的生产和输出工具代码格式。

（五）影像数据生成三维形状

影像数据生成三维形状主要有三种不同的形式：手动分割、半自动化分割和自动化分割。

1. 手动分割

手动分割是指由接受过专业训练的人来指定哪些像素需要被包括在形状内，哪些需要被排除。这种方法最耗时，对于高密度骨头 CT 来说需花费数分钟，对一个复杂的 MRI 成像则需要花费数小时或数天。但这种方法仍然被公认为是评价人体解剖学分割精度的黄金标准。

2. 半自动化分割

半自动分割算法是用户在医生指导的基础上，依靠算法预测形状。对于简单的病例，这种方法通常情况下可以节省大量的时间。但是，如果患者的骨质量和解剖形态不同于常人，此时就会变得更复杂，耗时会更长。一些特殊病例实际上比手动分割花费的时间还要长。

3. 自动化分割

自动化分割即 3D 重构无须人的参与。这种技术是三种类型中最不精确的，但是可重复性高。

三、在心血管疾病诊疗中的应用

作为革新性技术，三维重建与 3D 打印技术可以辅助高难度手术，处于心血管疾病诊疗的创新前沿。立体的心脏模型能提供可视化的空间结构，具有以下优势：

①制订手术计划：术前制订详细计划，如"计划 A""计划 B"或"补救"方案，以减少手术时间，减少并发症，缩短术后住院时间，降低再干预率以及医疗花费。

②协助教育培训：使培训模式从"手把手"的学徒模式转变为基于仿真的自主学习模式，补充了传统的指导式教育，可大大缩短学习曲线。

③模拟手术体验：可体验逼真的手术操作。初级受训者可接触少见和特殊的病例；经验丰富者也可利用其进行终身学习，使其成为迎接新挑战的桥梁。

④促进团队沟通：增加多学科之间的沟通，减少医疗差错，便于患者的理解和参与，增强决策制定能力。

复杂的解剖结构、既往手术史以及体外循环耗时长等是心血管疾病恶化的主要危险因素，三维重建与 3D 打印技术的应用有望降低相关手术风险。在先天性心脏病患儿中，利用交互式全心分割方法，从少数 MRI 短轴切片区域进行人工分割，使用基于补丁的分割自动描绘剩余体积，可快速建立患者特定的三维重建心脏模型，将使用 3D 心脏模型辅助手术规划常规化实施成为可能。

目前 3D 打印辅助技术应用在心脏外科的多方面，如复杂先天性心脏病患者移植术前计划，右位心合并右室双出口、室间隔缺损和大动脉转位等复杂畸形的手术规划，心室辅助设备的植入，等等。已经开展的 3D 打印辅助心血管介入手术包括 3D 打印的冠状动脉支架、经皮主动脉瓣置换术、经皮二尖瓣环钙化的二尖瓣置换、上腔静脉型房间隔缺损的介入封堵、后下缘缺失的（下腔静脉型）继发孔型房间隔缺损封堵术、复杂形态的室间隔缺损和高血液相容性复合弹性材料 3D 打印左心耳封堵器等。随着技术的拓展，研究的不断深入，其技术优势及认可度将不断提升。

四、应用的意义及问题

（一）亟需的技术

3D 打印是把粉末或液体转化为实体的过程。首先对尺寸有要求，更重要的是结构完整性的要求。热源、原材料的质量以及建模策略三者之间复杂的交互作用决定了 3D 打印构件的物理化学性能。在某些情况下，还需通过热处理才可以完成。而精确测定空间尺寸和检验结构缺陷的仪器也是必需的。

在生产线上大批量生产过程中，为实现个性化产品尺寸和结构的快速检测，计算机辅助光扫描设备是不可或缺的。但该技术具有一定的局限性——需要在构件进行表面处理，涂覆一层滑石粉，确保整个零件可以很好地暴露于结构光源和相机中，所以智能检测的引入成为必要。如果需要大约 15 分钟来涂滑石粉，然后再通过结构光测量系统对个性化商品进行测量并与标准比较，那么每台这样的质量控制机器在 8 小时轮班过程中只能生产出 32 件产品。

一个大规模生产个性定制商品的公司，需要对零件做 100% 的检测，这将需要大量的设备，以确保能够通过质量控制小组检测零件。运营这样一个个性化定制的公司，其成本大幅跃升也不会让人感到意外。因此，对新一代检测设备的基本要求就是不管零件如何固定都能够对其进行全方位扫描，不需要使用诸如滑石粉之类的特殊涂层就能实现快速检测。

为了确保零件没有结构缺陷，我们可使用传统的无损检测技术。该项检测技术很可靠，在铸造、金属注射成型、锻造等行业的应用已趋于成熟。但是，对于个性化产品而言，为了促进骨融合而在其表面形成一层多孔结构，这时传统的无损检测技术可能不能满足需求。当然，在 3D 打印零件过程中，正确的操作规程、工艺参数的常规监测以及设备定期的维护都将有助于降低产生结构缺陷的风险。

（二）3D 打印技术广泛应用的障碍

1. 制造成本高

尽管 3D 打印技术优点显而易见，但目前仍存在的一些主要问题成为其广泛制造植入物的瓶颈。首先，3D 打印设备价格昂贵，几乎是一个常规机床的三至四倍，建设一条 3D 打印设备的生产线需要投入很高的资金。但是，与任何新技术一样，3D 打印设备的成本正在降低，设备制造商之间的良性竞争将有助于促进该技术在航空航天、汽车、医疗等行业的快速应用，同时更加完善了这些设备的性能，并降低了成本。

2. 制造速度慢

3D 打印技术在保证尺寸精度和表面粗糙度方面已经取得了巨大进步。但是直至今天，制作一个普通大小的髋臼壳甚至得用几个小时。相比之下，用普通设备制造一个同样大小的髋臼壳用时大约是 30 分钟，费用也仅为 3D 打印的二分之一到三分之一。很自然地，有些制造工程师就会以强调制造速度为由来延缓采用该技术。但是，以制造速度作为唯一衡量植入假体成本的标准是不全面的。

人们必须清楚估计或核算植入物的成本，包括所有操作步骤的成本，以及时间总和。

3D 打印可以实现固体和多孔结构同时打印。因此，3D 打印加工髋臼壳的时间和成本包含了加工多孔结构的时间和成本。通过传统的加工方法生产通用的多孔结构还需要后续机械加工，如修饰、喷丸清理以及多孔结构热喷涂或烧结。3D 打印和传统机械加工在工艺流程上的差异如表 3-2-1 所示。

表 3-2-1　3D 打印和传统机械加工在工艺流程上的差异

传统制造流程	3D 打印流程	备注
ASTM F136 棒料原料	ASTM F1584 粉术原料	粉末成本一般比棒料成本高得多。然而，在 3D 打印工艺中很少有材料浪费
机械加工内外直径	将 CAD 文件输入 3D 打印设备构建零件	3D 打印的加工时间较长，但其包括多孔结构的同步加工
表面清理为热喷涂表面做准备	确定设备坐标	—

传统制造流程	3D 打印流程	备注
掩盖非热喷涂区域	—	—
热喷涂	—	—
清洁和钝化	清洁和钝化	清洗程序必须包括清除多孔结构中残留的粉末
包装	包装	—

考虑到 3D 打印生产设备的成本，我们必须进行彻底的成本核算以确保制造植入物在经济上是可行的。

3. 工程师缺乏对 3D 打印质量的认识

对于不太了解 3D 打印知识的人来说，缺乏对 3D 打印质量的认识是很自然的，毕竟该技术是利用液体或粉末来加工实体零件的。他们认为零件内部可能存在缺陷。有趣的是两个现有的 ASTM 标准对于 3D 打印的 Ti6Al4V 零件规定其最低强度要求同锻造材料。因此，ASTM 标准已验证了那些认为 3D 打印的零件强度达不到规定要求的看法。目前，再一个限制因素最严重的就是缺乏行业标准。尽管现在有两个关于 Ti6Al4V 合金的 ASTM 标准，但却没有钴铬钼合金的相关标准。ISO 和 ASTM 委员会已经认识到了其局限性，签署了一个基于 ASTM 国际委员会和国际标准化技术委员会的合作协议。关于 3D 打印技术，ASTM 国际委员会 F42 与国际标准化技术委员会（SAC/TC261）的意见产生了分歧。他们认为内在的问题是因为早期设备制造商过度推销自己的技术，其设备功能差，导致零件内部有孔隙及未熔化（或部分熔融）粉末颗粒残留。在过去几年中，这些问题已经通过更好地控制加工速度和设计得到了解决。而且，目前正在通过热成像监测每一层的构建过程，从而显示每一层存在的孔隙以及残留的未熔化（或部分熔融）粉末颗粒。这些技术还处于起步阶段，还需要一段时间来不断地进行完善。同时，早期设备制造商必须采用那些类似用于铸造设备的质量控制测试系统。为此，无损检测技术，如 X 射线、超声波检测和 CT 扫描，将是最有利的技术手段。

（三）展望未来

未来医疗设备的大规模定制即将实现。如前所述，我们需要从简单的、低风险的医疗设备和仪器开始，并根据经验和数据的积累逐渐增加其复杂性。目前正在制定的条例将很快投入使用，并在短期内指导设备研发过程。随着制备水平、创造力和性能的提升，现有的法规将面临挑战，并且技术人员们会希望扩展这项技术以适应现今活跃、多产的医疗设备领域。

随着一些新材料和合金的应用，在 3D 打印中将会出现一些重大的进步。

这将直接关系到多层材料的打印和动态材料属性打印。众所周知的植入物的性能，如耐腐蚀性和生物相容性仍然将发挥重要的作用。然而，设计团队将定制具有更好生物力学的假体，利用沃尔夫定律以更好的诱导来确保增强周围骨的生长。以髋关节假体为例，3D 打印植入物的强度与它被放入其中的骨骼成正比，且从末端到体内变化趋势相同的髋关节是一个伟大的进步。起初，这可以通过简单地设计一个体内的空腔来实现，空腔不作为应力梯级，而是帮助降低金属植入物的刚度。随着我们对仿生学和生物力学的理解，这样的设计将最终包括器官形状的空腔。也许在不久的将来，当胶原蛋白打印技术与目前先进打印技术交联时，用来促进骨骼修复的金属零件最终会被精心设计的胶原蛋白和钙磷酸盐的复合材料所取代是很有可能的。在遥远的未来，胶原蛋白和磷酸钙的复合材料将被种入受体患者的细胞从而使植入物是真正生物性的和基于患者的。应当通过制度的控制来确保患者的隐私和过程的质量，使得植入的细胞在手术时仍保持生物活性。此外，使用 DNA 测试进行质量管理可以确保植入物与特定患者的相互匹配。虽然金属或合金植入物仍然是主流，但 3D 打印设备将成为传统机械加工的一部分，其目的是为了获得更低的表面粗糙度。这种组合加工方法将与传统的结合化学表面抛光技术的 3D 打印技术产生竞争。

3D 打印领域，特别是涉及医疗设备的，将会是非常动态化的——会被迅速采用，但可能也会遭遇低迷。这个过程中必将有惊人的成功，当然也会存在巨大的失败。在未来，医疗设备行业将吸引来自细胞和组织生物学、材料科学和生物力学、自动化和软件等领域的专家。

第三节　3D 打印技术在机械制造业中的应用

一、在机械加工领域的应用优势

由于 3D 打印技术具有商业应用价值较高、制造智能化等优点，也具有快速对新产品进行设计、验证等功能优势，故该技术在机械加工制造领域中的应用有了可靠保证。

（一）智能化制造

传统的机械加工制造一般是先进行毛坯件的铸造，然后根据零件图纸拟定加工工艺，再进行相应的加工制造，整个加工过程智能化水平较低。而 3D 打印则是智能化的制造过程，它首先根据建模软件进行建模，然后对零件模型进行处理，并根据处理信息进行打印成形。整个 3D 打印加工制造过程相较于传统的机械切削加工方式，省去了毛坯制作、图纸的制作、拟定加工工艺路线等步骤，直接根据计算机处理的三维模型信息来打印成零件，打印制造全程智能化。

（二）经济性好

在机械加工制造中，需要经常用到异形件、不规则件等非标准件，这些零部件由于属于非标准件，所以适用范围较小、使用数量有限，但又不可或缺。在传统制造方式下，这类型的零部件只能进行单独设计和加工制造，但这样的加工制造方式需要耗费大量的财力、物力和人力，经济性较差。而在 3D 打印制造过程中，零部件在满足强度要求和使用环境的前提下可直接打印出并应用到机械产品中，这样不仅能够缩短零部件制造时间，而且能够降低制造成本，提升经济性。

（三）材料利用率高

传统的机械加工中，一般是在较大的毛坯件上切削掉多余部分来成型零部件的，但这样的加工制造方式会浪费大量材料，降低材料利用率。而相比于传统机械加工方式来说，3D 打印成形零件的方法采用增材制造的方式进行零部件的制造，在这个过程中材料基本没有浪费，实现了材料的最大化利用，提升了材料利用率。

（四）缩短产品开发验证周期

对于机械加工制造的产品来说，产品验证有着至关重要的地位。在传统制造方式下，产品的验证周期比较长，产品验证不仅需要大量设计零部件，还需要对这些零部件进行加工制造和组装。在某些特殊情况下，一些新设计的特殊零部件，还需要新开发模具进行制造。在这种背景下，从设计到制造完成会有较长的等待周期，导致整个新产品开发过程耗费时间过长，不利于企业快速将新产品推向市场。而 3D 打印技术能够迅速按照新产品的零部件模型，通过增材制造的方式快速制造出来，从而用较短的时间完成对新产品的组装验证，大大缩短了新产品的开发验证周期，为新产品快速推向市场提供了有力保证。

二、3D 打印电子产品

打印电子产品的主要目的是通过采用较为便宜的全部 3D 打印的方法来减少每单位面积电子产品的制造成本。低成本打印的电子产品近十年来越来越受到人们的关注，因为它们可以很大程度降低成本，并且还可以在较大的非传统表面（比如柔性基体、大屏幕显示器）上打印。《柔性电子产品预测》报告就预判，打印电子产品的市场规模将从 2011 年的 22 亿美元增长到 2017 年的 65 亿美元，甚至 2021 年的 442 亿美元。与传统电子产品相比，打印的电子产品体现了成本与性能间的权衡。打印电子产品中存在一些挑战。首先，材料必须以可沉积的墨汁形式存在。一旦沉积后，大部分的墨汁需要后处理，比如热处理，以获得最终的所需性能，这就限制了可用于打印的基体类型，并且产生了额外的处理步骤。沉积技术的精度远小于光刻技术（通常为几十微米或更大）。通常，须在特征尺寸和打印电子产品的产出能力之间进行权衡，尽管打印的电子产品的性能次于传统电子产品，但是低成本的打印电子产品可应用于某些领域，包括无线射频识别（RFID）标签、化学和电子传感器等，这些应用领域的共同特点是它们既不需要超高速电路，也不需要像集成电路一样的超密度电路。

选择合适的打印方法取决于物理规格和组成电子产品的打印材料的精度、基体尺寸和成分、所需的产出能力，以及最终打印产品在经济和技术方面的考量。制备低成本打印电子产品最有前途的两种方法为喷墨打印和凹版印刷。喷墨打印是一种众所周知的技术，它采用多个液滴分配器将独个液滴沉积在基体上形成图案。凹版印刷是将墨水沉积在带有蚀刻图案的圆柱体上，在基体上滚动圆柱体，从而将圆柱体上的图案转移到基体上，其适用于高产出能力的卷式加工。

除此之外，还有许多打印电子产品的方法，包括丝网印刷、苯胺印刷、胶版印刷。这些方法用来制备太阳能电池、有机发光二极管（OLED）以及无线射频识别标签。有机和无机材料都可以以墨汁的形式打印制备导体、半导体、电介质或绝缘体。这些墨汁材料必须以液体、溶液、分散液或悬浮液的状态存在。

有机墨汁材料包括共轭聚合物或具有导电、半导体、电致发光、光电及其他可用于打印电子产品的小分子物质。这些商业化的有机物有不同的配方，并且已经应用于喷墨印刷、凹版印刷、苯胺印刷、丝网印刷、胶版印刷。有机电子产品已在有机发光二极管中得到商业化应用。

有机分子物质也被用在液晶显示器中。目前已有一些优秀的综述和书籍介绍有机电子产品。尽管有机材料具有某些优异的性能，如机械灵活性和性能可调性

（通过改变化学成分，如有机发光二极管的光色），但是它们的电载荷移动性很差，因此其电性能比传统的硅基电子产品差。此外，有机材料易氧化，这限制了使用这些材料制造的设备的寿命。

无机墨汁材料，比如金属或半导体微米、纳米颗粒的分散液，包括银和硅，也可以用于打印。银和金颗粒可以采用喷墨打印、苯胺印刷、胶版印刷来沉积。沉积后，这些颗粒需要采用传统的热烧结（通常温度大于 200℃、激光烧结闪光曝光或者微波烧结）以形成稳定的导电结构。获得的烧结结构通常不能达到与块体材料相匹配的电性能，但是采用这些技术可使沉积相对容易实现。

以上材料逐渐引起人们的关注，是因为它们拥有显著的电性能，可以作为导体或半导体，但是大量制备、净化以及图案化处理这些材料面临很大挑战。

三、在汽车领域中的应用

3D 打印是目前世界上快速发展的高新技术。首先，在工业生产模式上，3D 打印技术将工业生产从传统设计与制造分离带向整体化、信息化的方向，能够最大程度节省人力、时间等方面的打印成本，有效提升了工作的效率。其次，在一些维修的工作中，3D 打印技术融入了信息化技术，因此设计工作中不需要大量使用纸张和颜料，有效避免了生态污染和能耗，具有明显的绿色环保属性。作为一种重要的高新技术，3D 打印技术促进了很多行业的发展，对于提升工业生产水平有着非常重要的意义。从经济、社会的角度来看，3D 打印技术降低了制造的门槛，很多零件不需要在工厂完成生产，在家或者一些工作室中就可以根据自己的需求和喜好利用 3D 打印技术打印出个性化的小物品。而随着技术的成熟，在开源软件和设备的支持下，人们可以自行进行 3D 打印机的组装。

（一）汽车制造

通常来说，3D 打印技术较适合运用于生产批量产品。一般，设计零件不仅需要考虑设计参数本身，还需要考虑其加工工艺或者实际装配过程中的问题，这样就会导致设计过程中含有与制造有关但与零件功能实现无关的剩余物，会使得产品整体相对笨重，很难进一步降低汽车重量。而如果使用 3D 打印技术，原材料只需要实现零件功能即可，打印出来的零件自然可以精简，且制造精度也非常细密，基本可以满足一般生产加工的实际需求。随着 3D 打印设备的改进和完善，精密度还可以进一步提高。在汽车制造加工领域中，一旦 3D 打印技术大量使用，从概念汽车到实际量产的时间周期将会大大缩短。

1. 零部件的制造

汽车制造的过程中，会有很多不同种类的零件，零件的制造周期、成本、消耗都是汽车制造的重要指标。在汽车制造中引进 3D 打印技术能够提升零件的制造效率，并且能够大幅度提高零件的生产质量，最终降低零件的生产成本。使用 3D 打印进行汽车零件的生产可以及时地对零件设计中的细微偏差进行挖掘，而且可以快速审核部件的工作原理和可行性，从而有效缩短零部件的开发周期。例如，在制造橡胶、塑料和缸盖类的辅助零件时，不需要使用任何的模具和金属，可以有效简化复杂的模具加工，明显节省制造环节中的设备、人力资源，降低成本上的投入。

2. 轻量化零件的制造

为了能够推动汽车制造行业的绿色化和可持续化的发展，汽车行业已经提出了更高的制造标准，要求汽车的生产过程朝着节能减排、轻量化操作的方向转化，提升汽车制造的环保节能水平。目前，很多汽车都会降低自身重量，降低汽车内部各种零部件的重量，以减少能耗。一些企业根据市场和环保的要求，来对材料、零件采取轻量化的方式进行制造。3D 打印是目前能够实现零件轻量化制造和降低质量的有效途径，比如全尺寸的保险杠就可以使用 3D 打印进行快速有效加工，所获得的零件与传统生产方式相比质量更轻，并且也能满足质量的要求。

3. 复杂模具的制造

在汽车行业的发展过程中，汽车的零件并没有朝着简单化发展，相反很多零件要求更加复杂，所以对于模具的制造要求相比以往更高，制造难度也在不断增加。在传统模式下，如果零件外形复杂、结构不合理，就只能通过拼接、镶嵌的方式制造，很难保证零件生产的精确性，而且会严重降低零件的使用寿命，还会增加汽车的生产时间和复杂性。如果使用 3D 打印技术进行制造，可以使用 SLS 选区激光烧结技术进行复杂结构模具的加工，有效缩短制造时间，更好地加强对制造精度的控制，从而有效提升模具的使用寿命。比如，利用 3D 打印技术可以逐层对材料进行堆积来获得实体模型，并且通过使用 3D 打印中的 SLS 选取激光烧结来推动整个模具的分层整合，达到制造融合的目的。

4. 案例分析

图 3-3-1　汽车轮毂的三维设计渲染图

以某品牌某型号的汽车轮毂 3D 成型为例，具体步骤如下。

①数字化建模：一般工业设计和制造方法主要有实体建模和曲面建模两种。实体建模适用于规则形状的零部件，曲面建模适合复杂、精细、不规则形状的零部件。使用 Pro/Engineert 绘图软件对某品牌某型号汽车轮毂进行 3D 造型绘制，绘出其三维设计渲染图（图 3-3-1）。

②切片处理：所谓切片就是数字模型沿着某一个轴方向离散为一系列的二维层面，从而得到每个二维平面的信息，使得 3D 打印机能够打印出每个薄层。数据处理切片是快速成型技术最重要的过程，数据分层的质量将直接影响产品打印的质量。将绘制好的模型转换成 STL 文件格式，然后使用计算机控制软件对模型进行切片。对 3D 模型文件进行切片处理的切片软件主要有 Cura、Rapid Tool 等，CAD 图形文件经过切片处理就能得到可以被 3D 打印设备识别的控制文件。主要使用的算法是基于集合拓扑信息提取的分层算法，因为这种算法效率最高。完成切片后，即可导出 3D 打印机能够识别的文件，将该文件导入 3D 打印机中，即可读取文件，并进行逐层打印。

③产品打印：在 3D 打印技术环节中，打印成型环节是最重要的。成型技术的优劣直接决定了打印的产品质量。目前，常用的成型技术主要有熔融沉积成型、三维打印黏结成型、选择性激光烧结技术、直接金属粉末激光烧结技术等。这里选用的打印设备采用的是直接金属粉末激光烧结技术，设备选择的是国内某主流品牌的 BLT 系列 3D 打印机。具体还要对激光器进行选择、对打印工艺参数进行调试，如光斑直径、激光功率、扫描速度、扫描间距、分层致密度、预热温度等参数，实验材料就是铝合金。其主要相关参数如表 3-3-1 所示。

表 3-3-1　3D 打印机 BLT 系列主要相关参数

CO_2 激光功率 /W	材料支持	最大扫描速度 / ($m \cdot s^{-1}$)	分层厚度 /μm	激光波长 /nm	扑粉机构
4000	铝合金、钛合金	7	100—500	1060—1080	双路恒流送粉

（二）汽车维修

1. 应用前景分析

3D 打印技术的优势在汽车零件的制造中是明显的。在进行少量先进车型零部件的维修和更换时，有时可能由于零部件的数量比较小，所以再进行模具开发就会导致大量的浪费，从而造成零部件的生产成本明显提升。大多数 4S 店也不可能保证所有车型的零部件都齐备，尤其一些已经下线的车型的零部件必然会做出库存调整，而不是长时间保留零部件。企业也不可能对零部件的生产工作进行安排。于是，汽车维修困难，一些车辆会提前报废。目前，很多私家车会连续使用十几年甚至二十几年，但是由于汽车更新比较快，所以汽车零部件生产企业不能持续生产已经下线的汽车零部件，这就让汽车的维修变得极为困难。而对于 3D 打印技术来说，只需要保留汽车零部件的加工数据、3D 数字模型等文件，就可以将零部件打印出来，从而最大幅度地节约生产成本。

另一方面，目前汽车维修工作会使用很多特殊的工具，但是这些工具的需求量很低，就导致生产成本高而且购买困难。而对于从业人员，只需要使用 3D 打印技术就能解决自己的需要，满足对特殊工具的需求。如果工具存在缺陷，那么通过调整参数就可以进行修改，这也有利于维修人员在进行经验交流时研究新工具，促进了维修人员维修技术的改进和提升。

2. 维修工具的 3D 打印

使用 3D 打印技术获得维修工具时，需要考虑原有工具的大小、尺寸、形状等参数能否满足部件的特殊要求。工具数字模型创建时，一般都会使用三维逆向扫描技术，获得工具的数字模型文件。可以使用高性能复合材料，根据需求调整作业速度、层厚，根据相关的规章完成对工具的打印。比如，对维修扳手进行打印时，首先要建立起维修扳手的数字模型，然后使用 Ror E 系统来进行切片处理，明确扳手的尺寸，之后用融合材料工具进行打印处理，并在打印结束后，继续后续的打磨等工作。维修技术人员可以根据自身需求对扳手进行简单的调整，让扳手能够符合标准和使用要求。使用 3D 打印获得工具，可以降低制造周期和缩减生产成本，从而保证生产工作的效能。

　　3. 维修零件的 3D 打印

　　由于汽车维修和汽车的生产并不相同，汽车厂商为保护知识产权而会限制各种零件数据的分享，因此很难从汽车企业获得数字模型，一般都会采用实物扫描的方式获得数字模型。通过使用红外线设备，可以进行实物扫描，获得实物的模型，然后进行数字模型的切片，并获得零件的模型，之后就可以利用相关零件的材料进行 3D 打印。比如，使用高分子材料进行打印工作，可以制造汽车的后视镜。当汽车出现汽缸故障问题时，也可以利用 3D 打印技术进行紧急处理，保证零件可以在短时间内重复使用，延长汽车零部件的寿命。目前的汽车维修行业中，使用 3D 打印技术已经能够进行门把手、轮毂、汽缸、变速器的 3D 打印工作，很多基础部件都能利用 3D 打印技术制作，从而保证了维修的效率和经济收益。

第四节　3D 打印在教育教学中的应用

一、3D 打印在工程教育中的应用

　　以美国华盛顿州立大学为例，华盛顿州立大学对"ENGR120：设计创新"课程的内容进行了完善。该课程每年服务学生约 500 名，大多数是对生物工程、土木、机械和电气工程专业感兴趣的工程专业的学生。指导教师通常包括来自这些专业的各类工作人员、研究生及老师，学校第一年度计划中的重点就是每周向学生讲授微积分和普通化学。其课程注重实践经验。课程体系的修订中通过增加学生动手实践的机会为学生提供了更多的自主学习机会。这门课程的形式和授课方式仍在继续调整。在线讲座和其他资源为学生初步接触填充材料和实验室基本技能提供了基础保障。传统的每周 2 小时 50 分钟的实验课重点强调动手实践，让学生来探讨他们的设计以及检验他们的解决方案。每节课可服务 42 名学生，三个人组成一个团队，这样团队内或团队间就会有很好的互动。为解决管理上出现的一些挑战，实验引入了利用同辈学长来加强对学生的支持的方法。作为帮助新生和支持教学的资源，这些学长都是三年级或四年级本专业的学生。

　　3D 打印的融入开始于对路易斯安那理工大学的泵叶轮设计活动的复制，这些活动已经被该大学的教师修改并拓展到由学生驱动的设计挑战中。

（一）课程内容

华盛顿州立大学之前实施过一组两周的项目及课程活动，在传统的课堂教学中涵盖了多种学科的观念。这些主要是用来宣传项目和团队的吸引力。这些活动的主题包含材料性能、齿轮传动机械系统的能源效率、程序控制小型机器人和电气传感器等。通过"鱼缸控制系统"这个项目，该大学引出了更多的概念并应用在一个更大的系统里。这个系统的一个优点是可向学生展示不同内容和学科间的连通性。其中涵盖不同学科的概念和经验都有所涉及，意在强调个人的知识和理解能力。这个项目可以让学生对一个大的系统中的一个子系统进行探索，并考虑设计选择对整体系统性能的影响。电动机和泵子系统的性能通常由影响其运行的一些因子的效率来决定。3D 打印技术为学生提供了选择设计的机会，并使其可以快速地判断和比较性能的好坏。

（二）首次尝试

2009 年夏天，华盛顿州立大学的课程协调员参加了由路易斯安那理工大学主办，美国国家科学基金会（National Science Foundation，NSF）资助的研讨会。研讨会介绍了一种关于如何实现"在实验室生活"的项目。虽然激动人心，但是这种水平的改变仍需要时间。2011 年春季试点计划开始了筹划。第二年，为了更好地适应华盛顿州立大学的课程体系，有关人员对课程的设置和实施方案进行了修改，修改点主要包括：材料的测试、梁的设计、编程的乐高微型控制机器人、电路级联开关、电动机和泵的性能、温度及盐度传感器校准。学生的最终任务还包括解释和演示能够在指定的范围内维持和调节水箱内的温度和盐度的控制系统。

3D 打印的融入，在最初的工作中只处于一个非常基础的层次。如图 3-4-1 所示，为电动机和离心泵的原始配置。在最初的研讨会上，泵性能的演示活动被延迟，直到后来有时间来准备泵和测试装置。离心泵的配置很容易让学生联想到泵的性能和相关的实验数据，培养了学生使用谷歌草图大师绘制 3D 模型的能力。图 3-4-2 所示为一个使用草图大师绘制的泵壳体和叶轮的例子。该活动允许学生拆卸、实践测量、重新组装电动机和泵。在这些测量结果基础上，学生再通过作图来进行工作。学生所使用的叶轮设备通常是在校园内由用于研究的 3D 打印设备打印出来的。

图 3-4-1　电动机和离心泵的原始配置

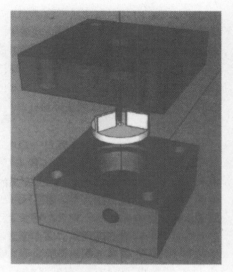

图 3-4-2　泵壳体和叶轮草图

　　另外，该学校指导教师帮助学生制作了一个泵和电动机动测试装置，用电子测量的方法测量了电泵的输入功率，同时也测量了以动能和势能形式传递到水的机械能，最终所得的效率和流量与不同喷头高度间的函数被绘制出来。图 3-4-3 所示为效率和流量性能的样品数据。

　　该活动的难点主要集中在如何让学生不再重点关注设计与性能之间的关联。学生通过对实验的观察指出，典型的困难在于完成电压和电流的电子测量，有时也涉及泵机组的泄漏。从教师的观点来看，这对学生来说是很好的经验积累的机会，可以帮助他们认识整体系统的设计，从而推动产生更成功的解决方案。

　　另外，设备发生问题可以看作是学生学习中的障碍。作为一个障碍，它可以把学生的注意力从正在进行改进的课程概念中分散出来。这些障碍为拓展 3D 打印的应用和丰富学生的设计经历提供了机会。

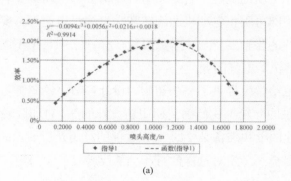

(a)

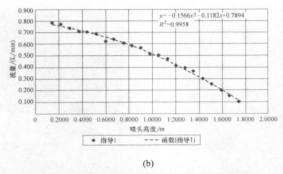

(b)

图 3-4-3 样品的效率和流量的性能数据

（三）持续改进

这个活动原本是强调能量转换的概念。这在接下来的几个学期中也是重点。学生收集的数据通常有一定的系统性和连续性，从而使得他们能够在与一些核心理念一致的情况下对效率和流量进行分析解释。一台新的 uPrint SE 3D 打印机给解决项目中的一些问题带来了新的机遇。测试过程中，增加水头压力往往会造成更大的漏水，会显著影响其性能，将可能导致水渗入电动机系统而损坏整个系统。课堂时间有限，阻碍了让学生亲自解决这个问题的实践机会。

指导教师选择新打印机来实践并开发自己的解决方案。课堂活动重新设计需解决以下三个方面的问题：

①创建电动机和叶轮的分离，帮助避免水污染电动机。

②学生倾向于在电动机上进行电气连接，这些操作和测量会造成短路。

③学生不能够使用自己的设计来轻易地替代原始叶轮。

草图大师允许创建一个解决方案和输出设计并进行打印，这对指导教师来说是一次丰富的体验。

指导教师制作了新的配置，它有三个打印部分：电动机安装位置升高与泵壳体分开；绝缘的护圈可阻止电动机的旋转和学生测量引起不必要的电气短路；一套和固定螺钉合并的联轴器。与大多数设计一样，它满足了不同程度的需求。人们通过机械方案解决了电气问题。

同时，课程也给学生提供了一些初始的设计环节。绘图练习集中体现在复制或重新设计这些泵的叶轮。我们确实期望新设计的 3D 打印叶轮零件与原叶轮一同进行测试。创建图纸和准备必要的 STL 文件的经历及所展示的技能都深化和强化了课程的设定目标。学生对这样的打印训练反映良好。每组三个学生选择一个叶轮进行设计并打印，学生不直接参与打印过程。这样可成功打印出各式各样的叶轮，但大部分仅适用于水泵叶轮。学生在进行叶轮泵的组合操作过程中出现了难以预测的困难。学生小组很少能够在有限的课堂时间内配置、安装和测试他们的叶轮，更难以成功实现叶轮、泵和电动机的机械装配。

与此项活动同时进行的是对简易的商用喷泉泵的性能测试。这些泵将被用于剩余学期的其他实践活动。这一方案解决了课堂水泵漏水的问题，简化了必要的电气连接。这让学生能专注于其他方面和编程，最终展示他们监测和控制系统模型内温度和盐度的能力。

（四）设计过程

基于指导教师的实践判断，学生的设计体验可以拓展纳入一个包括个人 3D 打印环节的更完整的设计过程。作为一个主要的机械工程领域的挑战，对泵的效率和流量的评价在不同的学科中都有实际应用。借助免费的教育版草图大师设计工具，几乎所有学生都有机会进行 3D 绘图。该软件插件的添加允许学生将图样输出为 STL 文件。因此学生有能力审查设计，找出错误或形式上的缺陷并进行调整，随后就可以进行打印前的第二次性能测试。预期的设计过程主要包括以下方面：

1. 泵的概念

提供给学生阅读材料、视频材料，介绍并让学生讨论离心泵设计中需要考虑的关键概念。概述的物理特性主要包括泵壳、人水口、叶轮大小、叶片形状、蜗舌和排放结构。设计选择的第一重点就是叶轮的大小和叶片的形状。拓展活动包括创建插入文件，改善壳体结构以提高结构表现性能的可能性。学生应该在他们的设计优化中体现出对这些概念的考虑。

2. 测量

学生拆卸喷泉泵，获取创建原型叶轮和电机泵壳体图样所需的原始测量值。这些测量允许他们重现设计并考虑壳和叶轮的几何形状、功能来决定新的设计中需要进行改变的地方。

3. 草图

草图制作主要是软件的学习经验，使学生能自如地进行电脑辅助设计和对设计想法进行有意义的表述。团队评审彼此的图样，核实所需尺寸并寻找那些可能会阻碍设计所需的形式、匹配度和功能方面的隐患。图样评审后会提交给学生一份审核清单，其包括尺寸不精确的结构、缺失的面，或其他将会影响零件 3D 打印质量的项目。学生利用课程约定的输出程序最终输出 STL 格式的文件并进行初始的 3D 打印。

4.3D 打印、审查和重新设计

收集学生提交的最终文件然后进行集体打印。非 STL 格式文件或文件有重大错误的会注释后返回给学生。可以由指导教师或同辈学长来审查有问题的图样。成功的打印件返给学生。学生通过对打印设计进行一个完整的审查来对形式、匹配和功能进行验证。最重要的是必须保证磁铁安全地组装，转子叶轮必须适合外壳并可在中心轴上自由旋转，其设计必须适合外壳及其随后的任何结构的改进。有文件错误或其他设计问题的设计应修改后再进行打印。

5. 总装、测试和评价

学生完成各自的组装原型设计。团队通过电动机泵机组工作的变化完成了对效率和流量数据的收集。如图 3-4-4 是一个学生收集的数据结果的图形实例。图表比较了个人设计与原始叶轮的差异。学生和团队对相关的泵的关键参数进行评估，重点指出设计的优缺点，并给出可以优化性能表现的设计选择的建议。

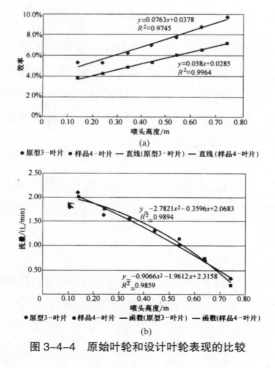

图 3-4-4　原始叶轮和设计叶轮表现的比较

6.活动评论

鱼缸控制系统项目中内容的调整，始终强调了能量转换这个课程主题。引入学生亲自参与的设计经历相对于以指导教师讲解为主的形式更受学生欢迎。实际测量活动、计算机辅助绘图、3D 打印等带来了实用的技巧和经验，为学生提供了一个更容易完成设计的基础平台。

课堂设备和程序的改进，有助于强调概念的理解和学生对于 3D 打印经验的积累。商业喷泉泵引入课堂解决了先前项目的弱点，现在输入功率的测量无须接线就能够很容易地完成。安装和移除叶轮不仅为前面的设计提供了一个良好的实践活动，相对简单的潜水泵大大减少了学生准备和完成数据收集所需的时间，这些水泵简化的特性也使得其可能被应用在桌面 3D 打印的配置上。

学生表现的评价应该集中在目前的课程目标上。这是一个基础的概论课程，侧重于学生基本概念的联系和建立。该课程的性质和实施方式决定了综合的评价方法的采用。在课堂活动中，学生需要掌握使用软件测量和绘图的技巧。

这个项目要求学生最终准备一个简短的汇报 PPT，内容包括设计选择及其与泵相关的概念的联系的总结，以及测试数据的描述，最后是对一组集中在动手能力主题上的概念性问题的回答。项目最终是期望每个学生成功递交并打印不同于原始设计和队友设计的转子叶轮设计。

在课堂情景上实现有意义的 3D 打印活动面临一系列的挑战。设备的适用性和可操作性是克服挑战的重中之重。uPrint SE 打印机为本课程进行改变提供了很大的灵活性。这个设备的附加服务提供了高耐久性、易于操作和高质量的最终产品，并使得改变非常易于管理。本课程作为实践或实验课程也拥有了较大的灵活性。

二、3D 打印在机械制造教学中的应用

（一）应用现状

1.概述

3D 打印技术是一种快速制造技术，建立在传统零部件加工材料方式之上。3D 打印技术更加节省材料，而且整个产品制造周期被大幅缩减。该技术主要是通过材料堆积来形成产品模型，最初在美国制造业中应用。3D 打印可以突破过去传统制造业的限制，能在计算机中将设计师的想象充分地展现出来，而且该加工制造技术更加容易。与传统加工制造生产技术相比，传统加工制造工艺过于复

杂，3D 打印技术则操作起来更为简单。3D 打印是模型实体化之后，通过计算机传输端口将信息传输给制造设备，并应用打印方式去制造产品，大幅度地缩减了产品加工制造周期的技术，因此被称为快速成型制造技术。3D 打印突破过去传统制造中车床、制模机等设备制造产品的限制，使产品设计师的想象和设计能力得到了较大的拓展。

2. 机械制图的发展

近年来，随着国内生产制造技术的飞速提升，机械制图从原始的手工绘图逐渐转变为计算机辅助制图，利用计算机辅助制图模型的 3D 打印技术快速发展。手工绘图绘制过程难度大、时间长、不易修改，计算机辅助制图因其制图难度小、制图时间短、修改方便等优势得到广泛的应用。计算机辅助作为制图的一个重要工具为产品设计提供了更大便捷。计算机辅助制图可以绘制二维图纸和三维模型。传统的加工方式主要是利用零件图进行零件加工，利用装配图进行机器组装。传统加工中，对于一些较为复杂的零件，绘制二维图纸难度系数增大，在零件加工时对工程师的读图纸能力要求更高。为解决上述问题，采用的方式是在原有二维图纸的基础上增加三维模型，二维图纸用于加工，三维模型有利于快速了解零件的具体结构。

随着 3D 打印技术的提出，三维模型得到了更好的应用。在应用 3D 打印技术加工零件的过程中，需要建立零件的三维模型，将三维模型的切片处理输入 3D 打印设备中进行零件打印。因 3D 打印具备操作简单、危险性小和成本低等优点，故学生在学习机械制图过程中，建立三维模型后可以通过简单操作 3D 打印制造出零件，极大地提高了学生的主动性和能动性，也使机械制图教学工作变得更加生动有趣，从而加大了学生对该课程的关注度。

（二）应用功效

1. 提升学生兴趣

在机械制图教学中，教师们利用实物模型激起学生对机械制图课程的兴趣，加深学生对图形的理解，同时也激发了学生的想象力、创造力，进而提高学生对机械制造课程的认知和理解。3D 打印作为当前新型的机械制造技术，被引入机械制造图形绘制课程中，改变了过去单一的图形教学方式。3D 打印可以使机械制造课程内容变得更加实体化，让学生体会到 3D 打印给现有机械制造行业带来的革新，从而进一步激发了学生对机械研究的兴趣。3D 打印能够让学生根据自己的设计思想理念、设计需求去逐步打印出立体图形，将二维平面图纸呈现出三维立体画面，让学生主动去参与机械制造教学学习，使课堂变得更加活跃有气氛，提高了学生对制图课程的兴趣。学生在计算机上完成图纸绘制之后，再利用计算机软件将数据信息输入机械制造设备上。在实际完成 3D 模型建立和 3D 模型打印过程中，学生会细致地研究零部件的各种特征和参数数据，燃起了对该技术学习的热情，也更为清楚地了解到零件的具体结构，有了进一步对制图知识进行研究的想法，从而反思目前自己设计的一些零部件图纸出现的问题并改造零件。在教学中，引入一些实物模型使用 3D 打印出来，可以帮助学生接受更高端的机械制造技术及接触到实际零部件模型，让学生在头脑中对机械制造零部件形成更强的立体感，增强对各零部件的细致识别能力水平，将过去枯燥的理论课堂知识逐步转变为立体形象的知识。学生自主 3D 打印模型可以让学生亲身体会到知识应用的过程，使整个课堂教学变得更加活跃，教学质量水平得到显著提升，实现了教学效果和效率双重提高的目的。

2. 提高学生的绘图能力

3D 打印可以给机械制图教学带来革新，改变过去的教学模式。教师通过 3D 打印模型的课堂展示和让学生参与 3D 打印制造来提高学生的绘图能力。传统教学中使用的模型通常是金属模型或木制模型。木制模型的重量轻，更便于教师拿到课堂上展示，但木制模型只能展示结构简单的零件，并且模型较为粗糙；金属模型可以展示复杂结构的零件，但其加工困难、成本高、质量重，不便于教师到课堂上展示。3D 打印模型则可以很好地解决上述问题。3D 打印技术制造的零部件成本较低、重量轻，可以制造各种复杂零件而且制造效率很高，3D 模型更适用于被拿到教室展示。课件与 3D 模型的结合，使学生更容易理解授课内容，从而更快地接受制图知识，更好地提高制图能力。通过 3D 打印教学，教师培养了学生的动手操作能力，通过对应的实物设计制造零部件，使学生在 3D 打印中能够把自己设计的灵感展现出来。3D 打印可让学生了解到各零部件的具体构造，增强了学生的立体空间思维能力，并因此使学生对机械制图各类知识点有了细致理解。根据课堂教学内容，教师要增加更多的实践教学，让学生在课堂上以小组形式进行小组模型设计、模型改造及模型制作，最终应用 3D 打印设备将设计好的机械图纸打印出来。之后，再让学生将 3D 打印的零部件产品与图纸进行对比，了解最终的产品与设计图纸之间的要求是否一致，为学生提供更多认识 3D 打印的机会，让学生在 3D 打印加工中对出现的问题进行细致分析，了解机械制图要点，查找自己在机械制图中存在的问题，进而提高制图水平。在机械制图课程中，结合 3D 打印技术学生对机械制图知识有了深度的理解，思考水平及动手实操能力得以提升。

3. 改进教学方法

在机械制造教学时，课程的研究重点并不是使用3D打印制造技术，而是通过应用3D打印技术将平面图纸转化为可视化的实物模型，从而让学生更加直观地学习并且掌握机械制图知识。在机械制图教学中，3D打印技术采用体验式的教学方法，促使学生自主学习，自主应用打印机制造零件模型，了解机械制图、机械设计、制造技术和计算技术等相关知识，逐步培养学生的综合技术运用能力。3D打印技术可以直接、快速成型零部件，这样就会促使学生将机械制造理论知识与实践相融合，从而使教学与生产制造相结合，提高了机械知识讲解的实用性。

4. 提高学生的动手和创新能力

在学习3D打印技术时，为了让学生主动参与机械图纸的绘制，教师在课堂上为学生提供机械教学指导、指引，协助学生设计出零件图、装配图和3D模型，指导学生操作一些打印设备来打印3D零部件，让学生自主装备零部件而形成一个机械产品。教师以学生为课堂教学的主体，重点提升学生对设备的操作能力及深度发现问题、处理问题的能力，提高学生学习的参与性。教师可开设更多实践教学课程，结合教学大纲要求，设计机械制图实践教学计划，优化设计实践教学策略，增加打印技术实践操作课程时间，为学生提供更多实践机会和实践时间，增强学生3D打印技术的实践水平。

三、结语

基于课堂教学模式的3D打印技术提供了转变课堂经验的机会。甚至对一个运行良好的实验室来说，通过分析经验和实际应用间的联系也会有很大的收获。包含简单的建模软件的3D打印技术，使得学生在进入职业生涯前或早期就可以为机械系统开发现实的设计方案。通过引入并重视可选择转子叶轮而进行的结构重组的设计开发，为转子叶轮的设计提供了有意义的参照。3D打印为学生提供了把他们的想法变成现实的机会，给予了他们更大的自主权，并鼓励他们考虑如何应用他们所学的知识和新的概念。

3D打印对工程专业的学生继续从事本专业（或专业保留率）的影响也可以得到推断。影响工科学生从事自身专业的因素很多，主要包括但不限于社会经济、人口统计、课程和教学以及学生的参与和经验。3D打印使得学生有更多的参与学科实践的机会，从而在课内课外都对学生产生了影响。课程变化对教学质量和有效性的影响巨大。3D 打印继续为教师提供了制作展品和实验或实践活动的机会，这些会对学生的工程实践产生了积极的影响。

3D 打印已经或将进一步应用于课外实践活动中。为满足科技的发展和 3D 打印技术传播的需要，学校应及时更新新设备和引进新技术。可以预见，3D 打印技术在整个学科上的发展和普及速度会持续增加。3D 打印技术在商业、企业等公共部门的广泛使用与发展，将会不断推动新工艺向更广泛的应用领域拓展。各种形式 3D 打印技术的进步将继续为各种工程应用提供良好的发展机会。

第四章 3D 打印产品的设计

本章主要从 3D 打印中的设计问题、3D 打印与传统原型设计、3D 打印在产品设计中的应用价值、3D 打印技术与优化设计四个方面介绍了 3D 打印产品的设计。

第一节 3D 打印中的设计问题

一般来说，3D 打印的零件是通过向 3D 打印设备中导入数字化模型而创建的。传统的设计到制造的流程与使用 3D 打印作为成型技术的流程对比如图 4-1-1 所示。

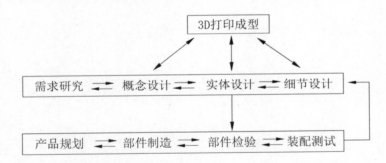

图 4-1-1　传统的设计到制造的流程与使用 3D 打印作为成型技术的流程对比

导入 3D 打印设备中的数字化模型通常遵循一定的标准格式，然后 3D 打印设备对该模型做进一步的处理，从而得到每一层的信息，为后续的制造提供基础。在本节中，将对数字化模型的标准进行讨论，并给出几种类型的 3D 打印案例。最后，对 3D 打印中设计的概念进行探讨。

一、打印的设计模型

3D 打印中数字化模型的常用标准格式为 STL 格式，这种格式一般由待建零件的三角形网格组成。每个三角形都有一个单位法线和三个顶点，它们之间符合右手定则，即可通过右手定则判断出法线的方向。顶点的坐标以三维笛卡尔坐标表示。

STL 文件中三角形网格的划分精度和三角形的数量决定了待生产零件的精度。一般来说，精确描述自由曲面比平面需要更多的三角形网格。如图 4-1-2 所示为接管在 STL 文件中用粗和细三角形网格表达的截面实例，粗网格〔图 4-1-2（a）〕有 1658 个三角形单元，而细网格〔图 4-1-2（b）〕则有 19320 个三角形单元。此外，STL 文件中的变量还包括每个三角形单元的颜色信息。

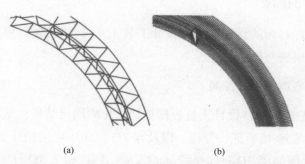

(a)　　　　　　　　　　　　　(b)

图 4-1-2　STL 文件中接管截面的粗网格和细网格划分结果

为了解决 STL 格式的这种局限性，美国材料与试验协会标准委员会提出了一种新的标准格式——AMF（增材制造文件）。AMF 是基于 XML（Extensive Markup Language，可扩展标示语言）的一种格式，并且已经成为"ASTM 2915 标准"中的一部分。XML 具有以下优点：易于被计算机识别，可扩展且不影响文件的反向兼容性。与 STL 格式相比，这种优点可使 AMF 格式能够包含如下所述的关于实体模型更多的附加信息。

①颜色规范：用于支持零件带颜色的 3D 打印技术。

②纹理图：用于支持不同的表面形态，也可用于那些使用纹理和颜色的 3D 打印技术。

③材料规范：用于实现零件的多种材料 3D 打印。

④群集：可实现多组零件的同时制造，也可用于指定零件在制造过程中的定位。

⑤附加元数据：元数据可包含设计者希望添加至文件的任意类型的信息。

⑥方程：可添加任何代表表面形状的方程或控制 3D 打印产品的支撑结构的方程。

⑦弯曲三角形网格：用最少的三角形网格精确定义表面。在 AMF 文件中，

可以使用弯曲的贝塞尔曲线从数学上表示不同类型的自由表面。

尽管 AMF 保有对 STL 的反向兼容性，但 AMF 在行业中的实际应用是 AMF 格式成功的关键。

3D 打印的另一种格式是由 3D Systems 公司于 1994 年开发的 SLC 格式。

SLC 格式由实体模型每一层的轮廓组成，它最大的不足在于这种切片的信息对于所有类型的 3D 打印技术都是远远不够的。

二、机遇与挑战

下面将从 3D 打印的设计准则和设计工具、3D 打印的规范和检验两个方面论述 3D 打印中的机遇与挑战。

（一）设计准则和设计工具

目前的情况是，CAD 设计人员根据拓扑优化的网格结果，基本是凭感觉创建实体形状，缺少能直接验证、分析，以及在 3D 打印中应用拓扑优化结果的工具，这在一定程度上限制了 3D 打印更快速的发展。创造用于 3D 打印设计的 CAD 工具需要对 3D 打印有关的变量有相当程度的认识，包括工艺和产品层面。有研究者列出了用来开发 3D 打印设计规则的主要指导原则，这些原则着重于设计阶段。在概念设计中，设计者要避免固定于当前的设计和避免把制造和装配规则用于当前的设计。在实施方案设计时，设计者需要一些工具，这些工具能对零件进行建模和拓扑优化，也能搭建材料分布模型，还可以模拟复杂的形状和结构。此外，这些工具需要包括与 3D 打印进程相关的约束以用来设计零件。

（二）多孔零件及网格结构

许多研究人员指出 3D 打印技术可以制造轻而强的多孔结构、支架和网格部件。生物医用领域的多孔结构和支架采用 3D 打印已有十余年的时间了。如图 4-1-3 所示，为具有网格结构的外壳。最近，网格结构被提出，其主要考虑的是汽车和航空领域。

图 4-1-3　网格结构的外壳

（三）多材料零件

最近，采用 3D 打印制备多材料零件已经得到证明，甚至市场上已经出现了商用塑料 3D 打印机。这些类型的多材料零件可以在单体零件的不同位置使用不同的材料。这些零件不是合金，也不是焊接在一起，甚至也不能算是复合材料。

多材料零件可以使用 3D 打印成型。麻省理工学院的研究人员展示了可用 3D 打印技术生产的多材料零件，材料的变形路径和表面纹理都可以预测。目前还没有便捷性的工具用于设计在不同位置具有不同材料、不同网格或多孔结构的复杂零件。为促进 3D 打印技术的创新应用，开发出这样的设计工具就显得十分必要。

三、在产品设计中的运用思路

（一）3D 打印技术在样品模型中的运用

1. 样品模型的快速成型

企业开发产品的主要过程是首先根据设计理念进行市场调研，从市场调研中获得反馈，改进产品设计，并绘作出能反映产品特性的效果图。然后根据效果图设计制作手板，验证产品的可行性并进行优化。然而，手板生产有三个缺点，即生产周期长、误差大和精度不够。与传统的产品设计和生产过程相比，3D 打印技术最大的优点是可以在最短的时间内得到 3D 立体模型。设计师可以通过 3D 立体模型从各个角度快速验证产品结构，从而对产品进行改进和优化。传统的手板耗时较长；与传统手板相比，3D 立体模型的精度也有了很大的提高，特别适合精度要求较高的产品。

2. 释放想象的空间

在一件产品的设计研发过程中，设计师的主要工作是实现产品需求的制作方案，包含效果图以及模型的制作，在 3D 打印时代前，依靠手板模型来实现以上工作，而传统手板智能在手工或者半自动化模式下制作，费时费力。当 3D 时代开启，依据设计图能够快速地生成产品模型，至此，设计师能够把全部的精力放在对产品的精心打磨过程中。当前的 3D 打印机能够识别多种格式的图纸，而应用最多的是 STL 格式，该格式所依靠的模型是由三角形单位组成的，三角形的棉结最小，因此堆叠形成的精度比较高。这使得对精密度要求较高的零件产品也能够通过 3D 打印进行生产。特别是在比较特殊的角度，例如曲面和纹理的实现过程中，具备高精度打印的 3D 打印技术，能够很好地实现设计师的想法，让设计师将想象力结合现实需求，实现高端产品的设计。

（二）3D 打印技术在产品批量生产中的运用

3D 打印的原理是通过将材料进行堆叠形成图纸的构造，因此也称为增量制造。这种制造方法省去了传统制造工艺中的切、削、车等去除多余材料的制造方法。这种增量方式很好地解决了生产材料浪费的弊端。传统的生产制造过程需要通过对不同材质的产品部件，进行各种工艺实现连接和制造功能，而 3D 打印技术直接去掉了模具的开发制造部分，依据三维模型设计图纸进行增量打印，节省了大量的材料。

（三）3D 打印技术在零部件维护中的运用

传统的产品经过前期设计制造过程后，实现批量生产之后，要依据消费者使用情况，准备很多的产品零部件，但因为市场的千变万化，导致模具生产出来了，产品周期却结束了。而 3D 打印的灵活性恰好解决了这个问题，只要保留产品及零配件的图纸，就能快速生产任何需要的零部件，这不但节省了制造成本，而且解决了库存问题。

第二节　3D 打印与传统原型设计

一、传统金属铸造

金属的 3D 打印一般从熔化（烧结）由激光或用黏合剂黏合的粉末开始，但是花费非常高，且目前还没有桌面型 3D 打印机。然而我们有办法让 3D 打印原料从塑料到铸造金属后更为便宜，让传统原型设计过程更快，更高效。

下面讲解铸造金属零件时常用的两大技术——砂模铸造和脱蜡铸造。

（一）砂模铸造流程

砂模铸造工艺很古老，它的起源已经无法考证。但从一次性生产到大规模生产制造，它仍然应用于许多场合中。简单来说，它在某些材料，如木材、黏土或蜡中创建模型。该模型就是我们想铸造的金属部件的阳模。然后在模型周围注入填充黏合剂和砂子。浇注熔化金属的通道就会被雕刻成模型，接着取出模型。然后熔化的金属注入刚才用于放置模型的空间中，当它充分冷却后就可以把最终的金属物件从砂子中脱离出来。

1.砂模铸造术语

①模型：最后零件的模型（3D打印）。

②隔离剂：用来防止砂子沾在模型上的物质。在下面例子中所用的材料，用来分离的化合物是一种粉末，就像烘焙时烘烤之前要用油喷洒到烤箱内。

③砂箱：在模型周围放置砂子的金属框架。

④粗筛：过滤装置用来摇砂，让模型上没有凸起。

⑤捣砂锤：用来将砂箱中的砂子捣碎的大木槌。

⑥刮尺：用来刮平砂箱顶上的砂子并擦掉任何多余的砂子的长杆。

⑦起模螺钉：插入模型中一小段距离的螺钉，它大部分露在外面，浇注金属时用作临时手柄将模型从砂子中提出来。

⑧浇池、浇道、流槽、浇口：一般来说浇池是金属注入的通道。浇道是金属流经它到达模具的通道，多余的金属也在这些通道中最终凝固。小型引导进入型腔的通道称为流槽，流槽进入模腔所在点称为浇口。有时所有的这些管道统称为浇道，硬化在通道中的金属部件通常也称为浇道。

⑨斜度：在表面引入一定锥度，使铸件更容易出砂。

2. PLA制作模型

铸造的工件被称为模型。如图4-2-1所示，为一艘历史悠久的半壳船模型。

图4-2-1 半壳船模型

如图4-2-2所示，船模型在砂箱底部的一块木头上（金属环将包含砂子）并涂有隔离剂。该涂层可以确保该模型被很容易地从砂中取出来。

图 4-2-2 砂箱中的船模型

3. 用砂子填满砂箱

下一步需要将砂箱填充砂子（图 4-2-3）。砂子要平稳地铺放在模型上，因此砂子要通过粗筛滤过而不仅仅是堆放进去。粗筛本质上是一个巨大且粗糙的过滤器。这里用到的砂子和被称作 Petrobond 的化合物油混合在一起，它实际上是油砂，因此是相当昂贵的。

图 4-2-3 通过粗筛将油砂压入砂箱

当最初的砂层通过粗筛铺在砂箱中，用小铲子填满剩余的砂箱。然后，用捣砂锤捣碎砂子（图 4-2-4）并用刮尺去掉多余的砂子（图 4-2-5）。最后，用一块木头放在上面，把整个砂箱倒翻（如图 4-2-6 所示为翻转之前，如图 4-2-7 所示为翻转之后）。一直盖着砂箱的木头称为垫板，这样砂子不会脱落。油使砂子呈泥浆状，能保持更好的形状。

图 4-2-4   捣砂锤绕着模型四周铺满砂子

图 4-2-5   刮尺去掉砂箱上多余的砂子

图 4-2-6   准备将砂箱翻转

图 4-2-7　砂箱翻转后模型在里面

　　有各种不同的分模剂，这决定于砂子和其他方面的工序。这种情况下，把袋子中的光粉撒在模型的底部以完成接下来的步骤（图 4-2-8）。

图 4-2-8　将脱模剂撒在模型"底部"

　　将所做的半壳船模型平放在一边，此时仍然需要构造一下成品的底部，增加砂箱的上面部分，并填满砂（图 4-2-9）。这个过程在这里类似于填充砂箱的第一部分，通过粗筛以确保砂子平滑地接触模型来铺满初始层，然后用小铲填充剩余部分并把它们捣碎使其平滑（在桌面级打印机上进行 3D 打印的模型应该具有一个适当的大小、平整的表面，在 3D 打印的进程中要保持它们连接到构建平台）。

图 4-2-9　准备填满砂箱的空余部分

一旦砂箱的上部已经填满砂子并捣碎后，在模型的底部将获得一道压痕（图 4-2-10）。

图 4-2-10　模型和模具上半部分的压痕

4. 切浇口和流槽

下一步是切割浇盆、浇口、浇道和切口，热金属穿过这些通道进入模穴也就是原来模型所在的地方。要制作浇口入口点（有时称为切口），在砂箱的上半部分挖出来一个洞。先用勺子（图 4-2-11），然后用锥管——称为开浇口机的空心管

（图 4-2-12）切出一个干净的圆柱孔。

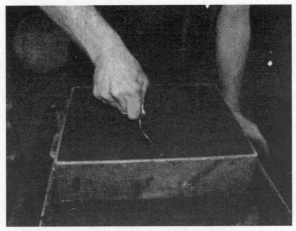

图 4-2-11　切割一个浇道入口

图 4-2-12　钻出一个圆柱孔

　　一旦浇池被造好，小心地将砂箱的上半部分再提起来，并切出通道以便将液态金属从这个入口点浇入模穴，移除模型时浇池会留下来。有时这些最后的通道称为流槽，或称为浇道。如图 4-2-13 所示为切出来的浇道，这里只是用手指和勺子做的。流槽应固定在它们还没插入该模型的临界点上，因为稍后需要在这一点上做切断。

图 4-2-13　切出其余的浇道

这种模型比较简单，因为它有一个没凸起的平底（它的特征是一个没有凸起的平底，这使得 3D 打印转化到模具加工更简单）。

一旦这些通道建立，随着起模螺钉模型被小心地移除。砂箱的上半部分重新放置好，砂箱即准备好。熔化的金属（在这里指铝）将通过雕刻出的浇道、流槽，最后进入模型所创造的空洞。

5. 浇注金属

铝的熔点是 660℃，因此大量的设备都仅仅是为了熔化它并且安全处理它。良好的防护服是必需的。因为在加热时一些砂油会烧掉，浇注金属时会产生大量的烟雾和一些火焰。

6. 完成砂模铸造

几分钟后，金属就会冷却到可以从砂子中取出。当砂箱再次打开时（图 4-2-14），可以看到的船有一个多余的部分，随后我们会将其切除。

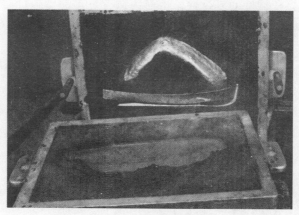

图 4-2-14　热的铝船和模具里的浇道

下一步是用火钳从砂子中取出零件，抖掉砂子，冲洗干净，并用水进一步冷却。如图 4-2-15 所示，为船和浇道提供了更好的视角。从图中可以看到背向砂箱顶部浇道。在零件稍微冷却后用钢锯或机床将浇道切除。

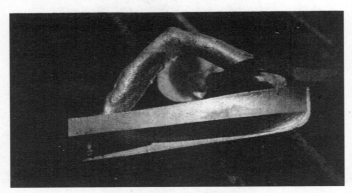

图 4-2-15　船和它的浇道

（二）打印浇道

传统的砂铸铸造模型是用木材或其他能够经受住所需使用次数的材料，因为传统的模型需要多次使用，当它用在熔模铸造时能够重新打印它们并不具有太多优势。在那里，每一次模型都被毁坏。然而，砂模铸造时浇口和流道每次都需要重新制作。

1.熔模铸造

砂模铸造是非常灵活的，但它是不宜用来制造精细或复杂的几何形状的工件，如雕塑人像。对于这类工作，使用熔模铸造（也称为脱蜡铸造）是一个不错的选择。有了这些优势和额外的复杂性，熔模铸造有更多的措施且通过比砂模铸造更长的时间来获得高精度。专业雕塑家通常使用熔模铸造制作青铜雕像。

这里有很多变化，但从根本上来说这个过程如下：

①工件采用蜡雕刻，通常浇口也提前雕刻在工件上，所以这是金属流入、空气排出的重要路径。

②然后在蜡块上涂几层陶瓷或石膏，或者围绕它浇注石膏。

③允许陶瓷和石膏变硬。蜡被"烧尽"（熔化，所以模型每次都被毁坏）离开石膏。

④金属填满空心模具。砸开陶瓷模具，转移并清洗工件。

一种常见的变化（用于制作现有雕塑的副本）是制作现有雕塑的模具。然后用蜡填充模具，并且该过程继续像以前一样，首先创建浇口。特别是蜡块必须遍遍雕刻，显然，脱蜡法浇注是很费力的，这是 3D 打印优异于它的地方。

2. 脱 PLA 工艺

蜡已被用于熔模铸造工艺长达几个世纪，因为它在相对低的温度下烧尽并留下清洁的模具。碰巧的是 PLA 也有类似的性质。虽然短期尚未完全流行，一些人在 3D 打印界都提到用 PLA 代替蜡，让脱 PLA 工艺代替脱蜡法。我们不能雕刻 PLA，但我们绝对可以打印很多模具来融化。一些中等价格的树脂打印机使用的材料是蜡状物。

如图 4-2-16 所示，Peter Dippell 制作的雕塑就是脱 PLA 工艺，这件作品的制作步骤如下：

①用 3D 打印机打印对象。

②编译 STL 文件。

③将 STL 文件转化为 G 代码并在消费级打印机上用 PLA 打印。

④在 PLA 作品上添加浇口。

⑤石膏倒在浇口部分四周。注意避免石膏中出现气泡导致不完美。

⑥石膏模型硬化，PLA 烧尽。

⑦熔化后的铝注入模具。

⑧经过一段时间冷却，把石膏模具和铝放入一桶水中。

⑨模型脱落，取出雕塑。

图 4-2-16 利用脱 PLA 工艺制造的雕塑

从图中我们还可以看到 3D 打印的层线。这是铝制品熔模铸造的雕塑 Rich Cameron 一个大问题。不过，我们也可以把它看作新媒体的"笔法"。或者我们可以用砂纸轻轻打磨作品，进行抛光。但打磨或抛光可能会导致丢失熔模铸造想保存的一些细节。

二、3D 打印金属

（一）熔模铸造与金属打印

那么，为什么不先进行金属打印呢？金属打印是昂贵的，虽然有些研究工作正在进行以使其价格降价。最常见的技术是制作良好的金属粉末，有时用黏合剂，并通过几种方法进行熔合。一般来说黏合剂通过加热部分除去。现在有研究工作描述了这些材料的强度，预测它们什么时候可能失效等。但这些技术是新的，需要实践来逐渐完善。金属印刷过程中所使用的细金属颗粒极易燃且具有爆炸性。

金属打印相比桌面熔丝打印机和传统铸造具有的优点：第一，成本低；第二，从现有的过程看它是一个较小的步骤。第二点也是一个缺点，因此一旦问题解决了，3D 打印将会取得引人注目的突破。但同时，这是一个潜在节省成本的平行选择。我们还需要考虑到工艺要求的表面粗糙度和最低成本方法的实现。

（二）大型打印和后期处理

对于许多应用程序，也许是在获得一些技术支持后，零件从 3D 打印机取下来马上就会得到很好的应用。然而，有一些情况需要一点点地后期处理，因为这个零件必须分块制造或者是因为该零件需要比打印机所能够达到的工艺标准更为苛刻。

线式 3D 打印机在打印物体时总是会产生细层线。可以使用以下两种中的任意一种来思考它们：一种是作为介质固有的问题（就像油画上的画刷痕迹），另一种是作为一个依然有待解决的问题看待。我们将讨论用砂光和化学平滑来避免层线，然后是关于完成打印作品的上漆与染色问题。

1. 砂光

用砂纸轻轻擦拭 PLA 打印品能够显著地平滑表面。只能用一块砂纸进行手工打磨，任何机械打磨都可能会熔化塑料。ABS 可以通过打磨进行增白，同样它在弯曲时也会发生损伤。丙酮能抵消这种变色，所以打磨可以和丙酮平滑一起使用以减少层线，同时保持更清晰的特征，这些特征单独使用丙酮清除图层线时会被修圆磨光。

2. 平滑处理

很多平滑的技术中，可联机使用丙酮蒸气，并有自助设备来创造和处理蒸气。不要在尼龙或 PLA 上使用丙酮；否则，尼龙将不受丙酮的影响。但是，能够平滑 PLA 的化学品在家庭环境中使用时毒害太大。

如图 4-2-17 所示的 ABS 工件（Leopoly 熊）可用丙酮进行平滑处理移除支架所遗留的痕迹。

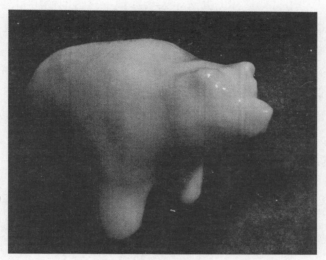

图 4-2-17　Leopoly 熊

3. 描绘 ABS 和 PLA

我们可以用丙烯颜料来画 ABS 和 PLA 部分，就像一个典型的业余爱好一样，如果我们需要多色打印而且有一个挤出式打印机，画出实物是制造我们需要的颜色的一个好方法。

4. 尼龙染色

虽然三维印刷的尼龙结构形式可能不太一样，但它将以类似的方式染色。尼龙长丝通常是白色的，这使得它更容易染色。人们一般使用家用布的染料染一个印刷的尼龙对象；使用前应检查染料包装上的标签，以确保它能在尼龙上有效。

第三节　3D 打印在产品设计中的应用价值

一、概述

（一）降低成本

3D 打印技术的另一个名称或者是从技术角度上命名叫作增材制造，这种打印或者制造方式利用材料累积的办法，大大降低了材料的使用和浪费，不仅节省了材料，而且省去了传统制造过程中需要进行的各种车床操作，还能够制造出传统机床无法实现的结构造型。

3D 打印的另外一个特点是制造速度快，以往制造原件需要先生产原材料，再进行车、削来实现设计需要的结构外形，而 3D 技术可以不需要模具和辅助工具，只需要在计算机中输入设计图纸，便能够一次成型完成设计造型，省略诸多的生产流程，大大缩短了产品的生产周期，特别是对于结构复杂，外形特殊的产品，3D 打印具备颠覆性的产品生产优势。

另外，3D 打印还具备高度的自动化，基本不需要人工值守，便能自动完成产品生产。相比较传统生产模式，各个环节中需要各种各样的机器设备，并且需要人为地控制产品的各个设计参数，3D 打印则完全摒弃了这些环节，大大地节省了人工成本。

传统的生产制造小到玩具的一个零件，大到汽车飞机的模型，在设计生产的过程中都严重依赖模具，模具的生产成本非常高昂，也因此，企业设计一套模具就希望能够延长模具的使用周期，以此来控制成本。这种生产制造方式变相地增加了企业的研发成本。并且这种方式会产生较大的风险，一旦产品无法被市场证明成功，那么模具设计生产的费用便成了浪费。3D 打印没有这种负担，因为设计过程只需要设计师的图纸便能够直接生产产品，企业可以通过少量的成品投放市场进行验证，如果被市场证明是成功的产品，便可以扩大规模批量生产。这种模式大大地降低了企业的研发风险。3D 打印与模具生产之间产生良好的印证作用，让企业的生产经营模式更加灵活。

（二）扩展设计思维

3D 打印技术的整体化成型原理类似于将材料按照设计图纸进行堆叠，因此，可以通过这种方法制造出结构极其复杂的产品。简约描述生产流程为：首先设计师通过三维设计软件设计出产品模型，设计过程中应当保证产品模型的完整性，然后导出 STL 格式，3D 打印机按照该格式内容进行打印。3D 打印机在改进的过程中，逐渐演变成由三角形的细小单位进行产品部件的堆叠，因为面积较小，所以最终的产品结构更加精细。3D 打印机巧妙地利用小单位物体堆叠的方式，按照图纸形成最终的产品，3D 打印因此有了无限的可能性，几乎把传统制造的限制统统打破了，3D 打印好像是画师的画笔，只需要设计师进行天马行空的想象和创作，3D 打印几乎没有什么事情是做不到的，这对于传统制造业来讲，几乎是颠覆性的，对于特别复杂的结构，交给 3D 打印几乎是必然的趋势。

（三）缩短产品制造周期

随着世界进入了消费主义的时代，地球上的人类从未像现在这样热衷于消费，这种时代使得产品的形态和数量得到了爆发式的增长。显而易见，传统的产品设计生产已经不能适应这种快速增长的消费模式，从产品设计到产品生产的过程耗时长。而 3D 打印的时代，将会终结过去的这种从设计到生产的漫长环节，未来的企业在利用 3D 打印技术之后，能够快速地研发、设计、生产、产品上市的周期将大大缩短，最先应用 3D 打印技术的企业将获得行业中的领先地位。

二、3D 打印在服饰品设计中应用的价值

（一）实现复杂的设计效果

对 3D 打印技术进行应用，可以将使用传统的服饰品设计工艺无法呈现出来的效果呈现出来。在对服饰品设计材料进行选择或者对服饰品的款式进行选择时，具有相对较高的自由度，而且使用 3D 打印技术可以为消费者服饰品设计提供更多的可能性。应用 3D 打印技术可以将原本不能应用在服饰品设计当中的材料进行应用，而且还可以将各种设计款式呈现出来，促进了服饰品设计工作的发展。

（二）提供设计新思路

使用 3D 打印技术可以为服饰品设计提供新的思路，因为 3D 打印技术具有未来感和科技感，将服饰品设计师的设计思路进行开拓，激发设计师的想象力。将 3D 打印技术和服饰品设计进行结合，让设计师更加大胆地开展设计工作，不被传统的想法以及传统的服饰品设计工艺所限制，避免因为设计工艺落后而无法实现服饰品设计与制作。使用 3D 打印技术可以和互联网进行融合，简化服饰品

设计生产的环节。因为将互联网和 3D 打印技术进行融合可以分享服饰品的设计成果，快速地完成服饰品设计工作以及服饰品制造工作，不断提高服饰品设计工作的效率。3D 打印技术增加了服饰品设计的个性化，让消费者通过互联网了解服饰品的情况，从而确定服饰品的款式以及布料等内容，这样可以提高消费者的满意度，从而推动服饰品设计行业的发展和进步。

（三）促进行业变革

在我国经济和科学技术的发展过程中，利用高科技能够促进服装行业的变革。在传统的服装行业中，设计师主要是采用人工的方式进行设计，这种设计方式的成本较大，而 3D 打印技术可以利用自身的技术优势对客户进行反复的测量和试衣。这种技术与原本的个性化定制不同，3D 打印技术更加个性化和人性化，能够促使服装设计向个性化定制的方向发展。同时在服装设计中，利用 3D 打印技术对人体的特征数据进行扫描，可以进行数据修改。这种技术在一定程度上能够拓展设计师的思维和视野，并实现高度的个性化定制，同时也促进了私人化服装定制的发展，满足了大众对个性化的需求。因此，在服装行业中利用 3D 打印技术能够促进服装设计的变革。

（四）降低设计成本

在一些相对复杂的服饰品设计当中，只能应用手工才可以完成，成本较高，这会让服饰品设计的负担不断加重。但是应用 3D 打印技术完成这些服饰品设计工作，可以减轻这一负担。在使用 3D 打印技术之前，只能依靠人工完成工作；使用之后，则可以将服饰品设计的速度加快，节约了大量的人工成本，避免了材料的浪费。使用 3D 打印技术可以对服饰品设计成果进行持续复制打印，这样可以更好地传播服饰品设计成果，不仅可以使人们在互联网当中看到服饰品设计成果，而且还可以使人们借助 3D 打印技术将自己喜爱的服饰进行打印，更为方便快捷。

（五）缩短设计周期

使用 3D 打印技术可以将服饰品设计的制作步骤不断简化，将服饰品设计的周期缩短。它可以高度融合服饰品设计以及服饰品成型这两个工作环节，可以将服饰品设计环节进行简化。服饰品设计师在传统的服饰品设计中，想要将自己的想法转化成现实相对来说比较困难，主要是因为设计工艺比较落后，而且即使设计出来了，设计师还需要不断地修改，直到自己满意为止，这样就延长了服饰品设计的周期。但是应用了 3D 打印技术，就可以良好地融合服饰品设计工作以及服饰品成型工作，将修改服饰品设计的过程进行简化，从而缩短了服饰品设计的周期。

三、3D 打印在针织服装设计中的应用价值

（一）有利于提升设计的效率

将 3D 打印技术应用于针织服装设计中，能够对服装的设计要素和设计内容进行有效的 3D 建模，并借助相应计算机程序执行运算的过程，实现高效的要素整合与设计，这在很大程度上促进了针织服装设计效率的提升。

（二）有利于加强设计的质量

在针织服装设计中，将 3D 打印技术进行规范的设计应用，能够有效结合用户的实际要求定制模型，以符合用户的预期需求为中心，开展精准化的服装设计，能在很大程度上提升针织服装设计的质量，进而促进市场信誉的有效建立。

（三）有利于提升制造的科学性

在传统的针织服装制造中，往往会产生由于设计过程缺乏科学性而使服装功能难以得到有效体现的问题。将 3D 打印技术与针织服装设计进行有效融合应用，能够提升服装设计的效率，提高服装设计的质量，能更好地符合用户的预期要求，同时借助计算机程序的运行实现精准制造针织服装，提高针织服装制造的科学性。

第四节　3D 打印技术与优化设计

制造最佳产品的关键是优化设计。由于传统制造的约束，许多新颖设计所能带来的利益或所能实现的目标被打了折扣。例如，轻结构的设计和制造是航空航天应用中最重要的要求之一。要实现优化设计这一点，必须从组件的几何结构优化开始，其主要是通过数学方法实现的。由此得到的典型的优化设计，这是不可能使用传统的制造技术制造出来的。

3D 打印技术的出现使得具有改进功能的优化产品的制造成为可能，在某些情况下还能实现多功能性、减少重量和消耗以及节约能源。这些产品设计通常涉及复杂的形状、材料组合和层次结构（在组成、内部结构和微观结构方面）的产

品，如图 4-4-1 所示。

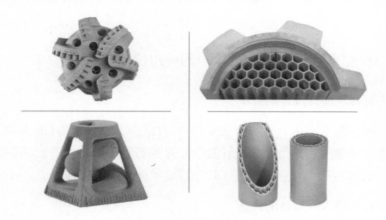

图 4-4-1 使用 3D 打印技术实现的一些复杂设计

一、网格结构的设计与开发

为了更有效地实现力学性能和减轻重量，承重截面（支柱）的周期性排列已经被开发出来。这样的结构具有更可预测性的力学行为，被称为网格结构。这些网格结构表现出了一些有用的性能，如隔音、绝热和能量的吸收，通过改变支架的形状和尺寸以及总孔隙度可以很容易地调整这些特性。此外，这些带有网格结构型内部宏观结构或体系结构的材料的弹性模量随密度与传统材料大不相同。因此，网格结构可提供更多的设计选项来实现所需的力学或功能特性。

为实现负泊松比，已经对内部单元组分结构进行了调整。被用来进行泊松比分析的蜂窝结构。两种设计都显示了负泊松比，立方手性结构的负泊松比最高，为 −0.2835，其结果主要取决于节点的直径和支杆的长度。有研究者使用电子束熔炼技术成功制备出了增大的网状结构。他们发现，通过改变支杆长度可达到所需的强度或刚度，那些具有高的负泊松比的结构具有优良的上述特性。泊松比已经被调整来改变折返支杆角度和（或）垂直折返支杆长度比。这些结构上进行的压缩和弯曲试验表明，没有固体表层的弯曲强度显著高于传统的夹层结构。电子束熔炼过程引发的缺陷降低了抗压强度和能量吸收能力，但是具有负泊松比的结构可以弥补这一缺陷。这些实验结果表明，具有负泊松比的晶格结构在某些应用中显示出了巨大的潜能，如冲击减振器和人工椎间盘。这些零件通常需要高的切变强度和低的抗压阻抗。

　　单元支杆的边缘设计对网格结构的冲击吸收效果的影响也有报道。对采用 FDM 技术制造的两种类型的单元支杆结构进行压缩试验来描述不同结构之间的差异。可以清楚地看到螺旋支撑结构的能量吸收能力（曲线下面积）明显高于另一种结构。这主要是由于用于增加杆总长度的螺旋设计具有允许在失效前承受更多变形的能力。这些结果展示了使用 3D 打印量身定制的复杂网格结构作为高效能量吸收结构的潜力。

　　另一个使用网格体系结构的独特设计是共形的网格结构或空间变异结构。这些结构提供了一些优良的性能，如高强度—重量比、可预测的负荷和应力分布、更好的力学性能、减噪和减振性能。这样的共形晶格结构已经被有效地用来减少定向依赖的自准直损失。已有研究者使用 FDM 技术制备了一个空间变化的装置来控制电磁波。此装置可以引导一个非制导的电波束而不会有太大的损失，因为共形定位和单元体定向没有尺寸和形状的变化。该装置已经在 14.8GHz 和 15.8GHz 之间进行了实验测试，并发现表现出 6.5% 的频宽比。拥有共形晶格体系架构的结构可有效地控制各种应用或设备中的电磁波。

二、多功能设备

　　最近，3D 打印技术在集成系统（如嵌入式电子、电路和机械结构或零件中的传感器）制造方面有了进展。此外，这些新的系统还包括用各种具有或不具有功能分级的材料（多材料）制成的复杂的外形。

　　结合使用目前的 3D 打印技术可以按需求设计和制造这种多功能的设备。例如，Lopes，MacDonald 和 Wicker 试图集成立体光刻（SLA）和直接打印（DP）过程来创建具有多达 555 个嵌入式定时器电路的 3D 聚合结构。整个过程包括多个 SLA、DP 之间的启动和停止，以及使用 SLA 创建主支撑结构、使用 DP 创建导电电路的中间过程。目前一些步骤是手动的，因此，需要进一步发展带有嵌入式电路和复杂 3D 结构的自动制造。

　　最近，一个使用 FDM 和 DP 或热嵌入技术的新技术已经解决了用 SLA 技术制造电子电路结构材料的相关问题，如长期耐久性、功能性和较低固化温度的导电墨水。相比于基于 SLA 的过程，FDM 将聚合物换成了高强度的热塑性塑料和利用热技术嵌入基板上的导电铜线，这样使得加工件具有优异的性能。然而，FDM 技术除了需要微机械加工等减材技术以实现所需的功能分辨率，还需要印刷电路的直丝技术。这样的多 3D 系统的能力在制作 CubeSat 模块时得到了有效的利用，该系统已被发现能显著改善整体的性能。

喷墨打印技术用于在柔性聚酰亚胺基板上制作开口环谐振器（SRR）阵列。这项研究表明喷墨打印是一种快速加工方法，可以以千兆赫到百亿赫频率在各种基板上沉积超材料结构。电路被使用 20%（质量分数）的银纳米粒子悬浮液打印出来，打印好的聚酰亚胺基板在测试前被加热到 220℃。这些 SRR 阵列的性能可与常规处理的阵列相媲美，但变化相对较大。

在医学中，对于微创甚至无创手术的兴趣和需求越来越大。事实上，对于理想的微创手术，手术工具必须尽可能小，有时尺寸是微米级的。传统制造技术不适合用于制造小型外科手术设备或工具。近年来，电化学加工（EFAB）技术已被确定为一种适用于小型外科手术工具的制造技术。这项技术发现具有非常高的几何分辨率，并能够生产带有几个独立的移动和组装零件的微器件。结果表明，电化学加工技术可以很容易地制造带有小到 4μm 特征的装置，而且是制造具有微米级特征和移动机构的微型金属器件的唯一技术。该技术还可以生产应用于军事的微型传感器、微流控装置等。

微光固化技术是具有生产微型器件能力的另一种 3D 打印技术。该技术有能力使用多种材料和极其精细的分辨特性，已被有效地应用于微机电系统的发展。除了结构的支持，树脂已经被添加了理想的填充材料，以实现所需的功能。由添加了电磁纳米颗粒的树脂组成的功能复合材料已被报道用于构建微流体传感器装置。这样的微小装置在空间受限的应用上有很好的前景。

第五章　人工智能的发展与产品设计

本章主要讲述人工智能的发展与产品设计，依次从对人工智能的正确认识、人工智能对社会的影响、"以人为本"的智能产品设计、人工智能的未来四个方面进行了阐述。

第一节　对人工智能的正确认识

一、人工智能概述

人工智能（Artificial Intelligence，AI）是计算机学科的一个分支，主要研究计算机模拟人类的智能行为。其研究方向是创造出"智能"的机器或者程序——能够在某些方面使用和人类相同的方式进行思考、交流和行动。真正能像人类一样可以独立而广泛地进行思考的智能机器目前尚未问世，但科学家们已经投入大量的人力和财力以开发这种新一代的计算机。

（一）"智能"的概念

为了理解"人工智能"这一概念，我们首先需要知道什么是"智能"。考试通常可以测试知识和记忆，却测不出"智能"。一台经过相关编程的计算机可以在考试中拿到高分，但这并不能证明它拥有智能。虽然智能的定义有很多变体，但通常涵盖以下内容：从不同的渠道（包括经验）学习新观念；通过理解和运用信息来影响所处的环境；能够处理前所未有的问题，应对困局预见事件和行动的后果；另外，还可能包括自我意识、对他人的认知以及道德感；等等。那么，我们如何才能在计算机中创建出这些特性呢？到目前为止，我们又已经走到哪一步了呢？

（二）人工智能的历史

从远古时代开始，人类就希望能自己创造"智能"。比如犹太传说中的魔像（Golem），它是一种由黏土制成的自动仆人，只要在其口中放入一枚魔法源物，就能被激活，而移除源物则会使之变回无法行动的新土。在希腊神话中也出现了智能机器人的构想，比如火神兼铁匠赫菲斯托斯制造的机器仆从、著名的青铜人塔罗斯。13 世纪时，艾尔伯图斯·发格努斯和罗杰·培根创造出第一个能够说话的人头模型。

1515 年，达·芬奇做出了一头可以行走的狮子——实际上不过是当时技艺高超的钟表制造者的功劳。到了 17 世纪早期，勒内·笛卡尔便提出，动物的身体只不过是复杂的机端而已。

布莱士·帕斯卡于 1642 年制造了第一台机械式数字计算机。1801 年，约瑟夫·玛丽·雅卡尔发明了雅卡尔织布机，这是史上第一台可编程的机器，可以用打孔卡片来进行控制。17 年后，玛丽·雪莱出版了《弗兰肖斯坦》，讲述某位年轻的科学家创造出了一个具有独立意识的造物。1936 年，艾伦·图灵提出了通用图灵机的构想——这便是第一台数字计算机的起源。到 1950 年，他又设计了图灵测试，用来判别计算机的智能行为。

人工智能的现代发展史始于约翰·冯·诺伊曼在 1953 年发明的存储程序计算机。1956 年，约翰·麦卡锡于达特茅斯会议上首次提出了"人工智能"这个概念。同年，艾伦·纽厄尔、约翰·肖以及赫伯特·西蒙编写了第一个人工智能计算机程序——"逻辑理论家"。从 1974 年到 1980 年，对人工智能行业投资的批评与来自国会的压力直接导致美、英两国缩减了这方面的政府资金，这一时期被称为"人工智能的严冬"。而到了 20 世纪 80 年代，这一局面又得以扭转，因为英国加大了对人工智能的资金投入，目的是与日本在这方面做出的努力相抗衡。

1997 年，IBM 发明的超级计算机"深蓝"击败了加里·卡斯帕罗夫，成为首台战胜国际象棋世界冠军的机器。2005 年，机器人在一条新开辟的沙漠路线上驾车行驶了 13 英里（约合 21 千米）；而在 2007 年，更成功地在城市环境下穿越了 55 英里（约合 88.5 千米）而没有违反任何一条交通法规。2011 年，答疑系统"沃森"参加问答节目《危机边缘》（Jeopardy），与两位前冠军布拉德·鲁特、肯·詹宁斯同台竞争并取得了最终胜利。

2014 年，"聊天机器人"尤金·古斯特曼首次通过测试，这个计算机程序能够模拟人类在互联网上与人交谈。它成功地让 1/3 的测试员相信，与他们对话的是一个真人——尽管这在一定程度上要归因于它声称自己未成年，而且英语只是自己的第二语言。

（三）人工智能研究

麻省理工学院是人工智能研究领域的领袖代表。那里的科学家们已经发明出可以学习、观察，以及说话的机器。这些机器甚至还能感知障碍物的位置，从而调整前进路线以避开障碍物。科学家们的工作不仅仅是单纯的研究，更有着实际的意图。他们希望更好地理解人工智能，从而制造出用途广泛的计算机和机器。

由于人工智能有很多潜在用途，所以科学家们希望针对目标功能开发不同的系统。而我们的家用电脑也能从大量的数据中学习，并得出智能的计算结果。人们已经发明了一些机器人，也许造型有些呆板，但它们可以自行移动，还能通过看、听、摸等与人类相似的方式来获取信息。目前，对"拟真"机器人的研究正在迅速推进，这些机器人在外表、言谈、活动及行为方式等方面都能做到和真人无异。

就信息存储的绝对量而言，计算机可以比人类"懂得更多"。计算机能够同时处理许多事项，能够比我们更快、更彻底地比较细节或做出判断。

能够使用专门的知识来解决问题的计算机系统已经问世，其中最先进的被称为"专家系统"。这个系统可以扮演医生的角色，能够快速地将患者的症状和病史放到庞大的疾病数据库中进行比对。

智能机器人长得像人还是像物，我们对它的反应可能会非常不一样。许多智能机器人一点也不像生命体，因为看起来太像活物可能对它们来说并非优点。某些智能机器人装有轮子，身上带着其他特殊工具，能够比人形机器能更有效地执行某些任务。

但是另外一些智能机器人的外表可能会跟人类或动物一样，这是要考虑它们的社会功能。

你可能会觉得有一个机器人来为你整理衣橱或者泡茶是一件很棒的事情，但是机器人也可能会给你薯片这类不健康的食物，或者认为你的衣服要皱巴巴、脏兮兮才更时髦。只有人的意识才能对这种情况进行判断。到目前为止，计算机很难将它们还没有被"教授"或被告知应该如何处理的因素列入考虑范围，但许多人认为，必须能够自己学习和思考才能被称为真正的人工智能。我们在后面会看到，AI 的研究方向除了独立思考之外，还包含自我意识、创造力、情感和道德意识，等等，这些都在快速发展当中。

（四）人工智能的特点

把一种能以对我们有利的方式进行思考、行动及互动的机器创造出来，是一项非常复杂的任务。为了实现这一目标，研究人工智能的科学家需要尽可能多地了解人类思考和行为的模式。这项任务并不简单，因为我们至今仍然不知道人类自己的大脑究竟如何运作。

我们常常认为自身的很多能力都是与生俱来的。例如，从我们的感官中获取并整合信息，以了解周围的世界；通过协调身体而自如地四处行动；使用语言与他人进行交流；利用看似无关的碎片化信息来做出合情合理的决定。

我们通常不认为这些技能是衡量智能的标准——它们只不过是人类的一部分而已。而且并非所有的人工智能都需要具备以上这些能力，但它们需要掌握其中的一部分，以便在现实中发挥作用。同时，为了使其拥有这些复杂的能力，程序员必须运用创新、精密的技术来编写它们的程序。

1. 独立思维

传统的计算机程序使用符合逻辑并且清晰的指令来找到问题的答案。比如当计算圆周率 π 的值、计算 10 个星球的相互运动时，我们都能用十分确定的指令表示。

然而，随着任务的日趋复杂，我们对计算机的要求越来越高，这样的准确指令开始无法满足需求了。比如我们希望计算机识别手写数字的时候，很难整理出一套准确的方法去告诉计算机。既然人类可以从经验和观察中学习，将遇上的新情境与过去进行比较，那么我们自然可以想到收集几万份手写数字让计算机自己学习、寻找规律。

人们发明了很多种方法，其中人工神经网络（ANN）是最有效的。人工神经网络擅长语音识别、计算机视觉及其他需要"思考"的任务，是人工智能研究的核心所在，它能够模仿人类大脑的工作方式，不断学习、寻找规律，最终成长为一个能胜任工作的计算系统。

2. 检测智能

我们可能做过一些智商（IQ）测试，这类测试能够判断出快速思考以及识别各种因素之间关联性的能力。但这些测试只能在某些方面对智能进行测量，而且只适用于人类。那么，我们到底要如何证明一台机器拥有智能呢？科学家们已经提出了好几种关于机器智能的测试方法。其中，最广为人知的一种便是以数学家艾伦·图灵的名字命名的图灵测试。艾伦·图灵指出，如果一个人通过键盘和屏幕与一台机器进行交流，而后者无法被辨认出是机器，那么这样的机器就可以被认为拥有"智能"，世界上每年都会举办一场竞赛，用图灵测试来挑战人工智能，并向最像人类的聊天机器人颁发"洛伯纳奖"。

尽管图灵测试是一个良好的开端，但随着我们对人工智能系统的深入开发，许多科学家认为图灵测试不足以证明机器确实拥有智能。

二、人工智能的意义

为什么要为人工智能的发展忧心？真正的人工智能是否离我们太过遥远？如果我们仔细考虑摩尔定律——计算机的处理能力每隔 18 个月至 24 个月增加 1 倍，现在的确是时候认真思索智能系统所产生的影响。各个科学领域的进步都会在某种程度上影响我们每个人，而人工智能会引发许多相关问题。

许多研究领域可能存在着尚未为人所知的风险。如果创造出比我们人类更聪明的事物，我们能否控制它们，这点没人能说清楚。我们可能会发现这些机器的智力比预期增长得更快，然后我们又将何去何从呢？想象一下和智能机器共同生活的世界。这会改变我们对"人"这个概念的看法吗？如果一台计算机能够思考、感知，有自己的观点，并且在某些方面比我们做得更好，那么我们看待自己和判断自己智能的方式可能会有所改变。如果我们能用无生命的材料来创造出生命体或者与生命体极其接近的事物，也许我们对于生命的意义、本质及价值的认识会因此而进化。

技术创新在很大程度上掌握在发达国家手中。研究人工智能的学者编制的系统通常会反映本国的观念、价值观及关注点，一旦人工智能被开发和使用可能会影响整个世界。而在技术相对落后的国家，民众对人工智能的使用方式可能没有太大的发言权，即便是在那些正在开发人工智能的国家，许多人可能对此也一无所知。

人工智能这项技术极其复杂，由此引发的问题也很复杂。谁能确保人们都能接收到需要的信息，以便做出明智的选择？每个人是否都能发出自己的声音？我们也许可以约定只能出于"正当"目的来使用人工智能，但是不同的人对"正当"有着不同的理解。假设 2001 年世界贸易中心被摧毁后，美国有能力使用人工智能系统来消灭恐怖分子头目哈姆扎·本·拉登及其党羽，他们会那样做吗？他们应该那样做吗？对于这个问题，你的答案将取决于你是谁，以及你在哪里。

我们都有权参与关于世界未来的决策。我们只有了解那些影响我们所有人的争议，才能拥有做出改变的能力。而首先，你必须能够区分事实与道听途说得来的观点，并将可靠的信息从媒体的恐怖故事和公关炒作中分离出来。

如果你能做到这些，还能有根据地发表你自己的观点，你才能在这个日新月异的世界上扮演重要角色。

三、情感与人工智能

先进的计算机系统以合乎逻辑的方式进行工作，它们凭借理性寻找问题的答案。但是，一个问题的"合理"答案并不一定可行，也不一定能被接受。即使知道什么样的答案不被接受，智能机器也可能会因为我们前后不一的行为而感到困惑。在非生即死的情况下，它会如何表现？试想以下场景：有个人既虚弱又痛苦，而且必然会在很短的时间内死去。在这种情况下，他请求他的人工智能助手杀了他。那么，人工智能应该执行命令吗？这或许会被认为是仁慈之举，但也可能被认为是残酷且非法的行为——到底怎么看，完全取决于个人的观念、各自的家庭背景，以及他们对自己的定位。对于人工智能助手而言，这些有意义吗？我们发明制造人工智能的根本宗旨之一是它们不能伤害人类。然而，教会一台机器在什么样的情况会对人，包括身体和情感，造成伤害这一点非常困难，更遑论它还需要能够预测一个人对某事物的接受反应能力。让机器拥有情感可能会更容易令其对人类的想法和感觉有一个正确的认识。

将情感融入人工智能机器人可以为人类带来诸多益处。2014 年，《华尔街日报》在报道中指出，有着面部特征、能够语音互动、能做出类似人类动作的机器人比那些不具有这些特点的机器人更受欢迎。情感使得机器人更自然地与人互动，也可以提高效率。两名意大利科学家在 2010 年发明了带有情感回路的机器人，发现它们比非情感机器人更擅长完成诸如寻找食物、逃离捕食者和寻找配偶等预设任务。由此他们得出结论：拥有情感能够让机器人更好地生存。

没有感觉、不通人性的机器可能会犯下危险的错误，而有情感的机器则可能会坠入爱河、会发脾气、会恐慌、会无聊、会争辩它到底该做什么，或者只是郁郁寡欢，什么也不做。机器也会出错，就像人会犯错一样。想象一下，某种计算机病毒能使所有的人工智能系统都感到沮丧，甚至让它们变得具有伤害性的场景。拥有情感的机器可能会相当危险，正如它带来的利益般，不容小觑。

在使用手机的时候，你经常会跟程序对话，比如在语音信箱留言，用语音订票或者进行菜单导航。随着我们对智能系统的开发的不断深入，人机交互也会越来越多。也许电话或在线求助平台可以使用人工智能系统处理呼入的电话——毕竟目前有太多电话需要人工处理。这一设想能实现吗？凯鹏华盈于2013年发布的一份报告称，全世界有24亿互联网用户，美国人平均每天要看150次手机。越来越多的人工智能互动程序出现在智能手机和互联网上，比如苹果的Siri、亚马逊的Echo、谷歌的Now，还有微软的小娜。它们可以用语音回答人类提出的实际问题，能够根据要求播放音乐、提供行车路线、买电影票，甚至还能做出幽默的反应。

这些程序使得人机互动更像人与人之间的交流，两者之间的差异也变得更加难以区分。

有些人很难接受电视连续剧里的角色其实并非真实人物。这部分人会写信给演员，与他们聊天，并且期望他们本人跟所扮演的角色一模一样。

对于一些人来说，他们同样难以辨别通过电话与之交谈的声音——它们实际上并不属于真人，而是电脑或人工智能系统。随着人工智能系统越来越像人类，想要区分与你对话的"人"到底是不是真人会变得越来越困难，你可能会觉得完全无迹可寻。

四、智能机器的伦理问题及对策

智能系统要为人类做决定，不能没有人类伦理的指导即做出正确和错误的选择依据。

我们做出决定时会考虑各种因素，其中很多都属于伦理问题。因此，智能系统需要对这些问题有一个恰当的理解，才能在人类社会中开展工作。

（一）树立伦理观

伦理观，即是非观。有些时候，很多人都认为伦理问题应被纳入法律中。例如，大多数人都觉得我们不应该杀人或侵占他人财产，因此谋杀和盗窃在全世界都是非法的，但是人们在某些伦理问题上却存在分歧。例如，大部分素食主义者认为食用动物是不对的，而另一些人则认为这无可厚非。影响人们伦理立场的因素通常包括文化、宗教和地区差异等。大多数人认为人们应该能够自由地选择结婚对象，但在某些国家，包办婚姻却很常见，甚至被视为夫妻最好的结合方式。

在一些特定的情况下，我们原本认定的观念也会有例外。比如某些国家认为，一个人处于生不如死的痛苦中并且强烈要求死亡结束痛苦，那么帮助这个人安乐死不失为一种合情合理的做法；某些国家认为处决犯有严重罪行的人是维护正义所必需的刑罚。

随着时代的演变，各国在不断地推进自身是非对错评判体系的发展。伦理规范并不是几个人拍脑袋想出来的东西，而是在全体人类不断学习与积累经验的过程中逐渐形成的。

通常情况下，人们的伦理观能够推动社会稳步前进。但是，如果出现矛盾，则可能会引起争执或冲突，有时甚至会导致战争或革命。

（二）制定机器伦理规范

在新领域制定伦理规范往往十分复杂且困难。由于不同的背景和成长环境，人们对于是非对错有不同的理解，因此很难在给智能机器制定伦理规范这个问题上达成一致。但如果我们想要用良性的方式将人工智能与人类生活融合在一起，就必须努力制定出一套规范。否则，智能系统将遵循自己的逻辑，并有可能做出令人类无法接受的决定。例如，人类不会为了节省医疗费用而对一位重病患者见死不救，但一台机器基于逻辑和成本效率做出决策时，它可能会认为放弃治疗是最好的办法。

人类可能因为受到诸如公众舆论或经济收益等因素的影响而做出不同的判断，但人工智能系统则会严格遵守其伦理准则。配备完整伦理标准的人工智能机器将遵循其编程设定行事——它别无选择。但是，如果机器真正学会独立思考，它们或许就能够分析和改变我们设定的伦理准则。因此，如若赋予人工智能机器"自由意志"，令其有能力忽视原有编程，将会带来一定的危险。假设有人在做人工智能"自由意志"相关的实验，在此期间病毒或黑客"攻破"了 AI 系统，或者 AI 发现编程漏洞而拒绝遵守准则，后果可能不堪设想。

综上所述，赋予机器自由意志是一件非常冒险的事——想想那些并不认为谋杀有错的冷血杀人犯，就会明白这一道理。

（三）宗教与人工智能

许多伦理准则与宗教信仰密切相关。在某些国家，人们有宗教信仰的自由，同时法律也保障人们实践信仰的权利。但在其他一些地方，国家以单一宗教为国教，不允许国民信仰任何其他宗教。我们可以据此推测，这样的国家也会按照他们的宗教和伦理守则来设定人工智能系统。

如果由一台包含不同宗教和信仰设定信息的智能计算机来判定是非，对我们所有人来说都将可能造成非常严重的后果。人工智能或许会信仰一种宗教而拒绝遵循其原始编程；又或许随着时间的推移，它通过"学习"会选择性地遵循某些程序中设定的伦理规范，而造成伦理的失范。

人们很难做出公正的决定。公正，即不被自己的情感、观念或利益所影响。在一些地方，我们可能会认为自身不含偏见，因为周围每个人都会做出同样的选择，但是我们有可能已然落于民族或文化偏见的桎梏中。很多人可能都会同意男孩和女孩享有平等的受教育权，但并非每个地方都是如此。如果将这样的观点输入人工智能系统，可能在部分国家更容易被接受；但如果在世界其他一些地区投入应用，则可能被认为是有偏见，甚至是错误的。绝大多数时候，人工智能极有可能会反映其程序员的世界观和伦理观，然而这些程序员的信念并不统一。

（四）法律问题

目前，人工智能研究人员的工作自由度很大，因为该领域的法律尚未完善。2015 年，超过 1000 名人工智能领域的知名专家和研究人员签署了一封公开信，呼吁禁止研发"自动攻击性武器"。他们警告称，一场人工智能参与的军备竞赛可能发生在几年而非几十年之后，加之对于遏制战争的威慑力正在逐渐减弱，其时将导致更多的人员伤亡。然而，这一呼声还没有转化为法律，因为立法往往跟不上科学进步的节奏。

正如目前关于动物权利、基因工程和堕胎等主题的争论一样，各国可能会就人工智能的相关法律产生分歧。尽管如此，对单个国家和全世界而言，制定法律都很有必要，因为随着人工智能的不断发展，并非所有人工智能都会用于好的方面——毕竟每个领域都存在犯罪分子。

那些犯罪分子可能会将人工智能技术用于经济或军事目的。我们甚至可以预见"人工智能恐怖主义"的来临，恐怖分子或战争中的国家可能使用复杂的程序来改变人工智能系统的行为方式——无人机可能会被引导去攻击平民，防御系统可能会被人工智能计算机关闭，绝密信息可能会泄露给敌方……尽管人工智能技术可以带来许多好处，但我们无法确定它不会反过来与我们为敌。一项强大的技术在正义之人手中会发挥巨大作用，而在不法之徒手中则会变得十分危险。

在许多技术领域，新的科技进步成果已被用于军事和娱乐，人工智能也不会例外。

人工智能系统——无论是机器人、类人机器人还是计算机软件，都可能被用于暴力、色情目的。我们如何防止人工智能威胁人身安全，或被用于不健康的行为当中呢？如果某人因为使用设计不当的物品而受到伤害，设计师或制造商应承担责任，可能还需要向伤者支付赔偿金。如果汽车制造厂的机器人发生故障，机器人的设计者或汽车公司的所有者应当负责。但一旦我们拥有能够自行设计装备或制造更先进设备的智能系统，那么背后的责任关系将会变得更为复杂。

初始系统的设计或编程中的任何误差都可能会导致未来"世代"的人工智能系统发生越来越多的错误，而初代程序员可能会将责任归咎于能够自己做决定的人工智能程序。

（五）对策

目前，我们已经看到人工智能如何影响我们生活的方方面面。例如，医学、社交和教育等，这些领域中也存在是非问题。那么谁来监测人工智能的发展和突破给我们带来的风险呢？伦理委员会的成员们聚集起来以讨论研究机构和医院的科学家们进行的工作。委员会中的一些成员是各个学科的专家，一些则是对伦理或道德感兴趣的哲学家。哲学家们研究关于知识、真理和生命的本质与意义的议题，同时也会思考诸如对与错、如何定义智慧或生命，以及除了人类以外是否还存在有意识的生物等问题。这种形式的判断无论是对开发人工智能，还是对如何看待我们创建的系统来说都非常重要。哲学家可能是为人工智能制定伦理准则的关键人物，但他们仍可能在一些问题上存在分歧。

除了与同属委员会的同事争论，伦理委员会的成员可能还必须与经济或政治等其他领域的专业人士对话。伦理委员会力图把每个关心此话题的人提出的观点纳入讨论范围，并就是非对错做出判断——也就是说应该允许什么，不应该允许什么。有了一个完整的团队，他们就能够讨论具体案例及更多抽象的问题。

医院的伦理委员会可能会审查个别患者的病例，或者由政府指定调查是否应准许对某个特定区域展开研究。而在人工智能领域，伦理委员会可能会研究智能机器人照顾小孩的风险。每个国家都可以制定自己的法律，而在某些研究领域，这些法律可能会存在很大差异。

许多在人工智能等有争议领域工作的人或多或少都有既得利益——他们会抱有获得更多报酬或进一步发展自己事业的意图。在专业领域，这些可能持有偏见的人通常是对这些问题最了解的人。他们对事物的解读会对社会产生巨大影响，因为我们的观点可能就取决于他们所提供的信息，而我们需要确保自己的观点是基于相关事实而非偏见。我们对人工智能的争议了解得越多，就越能够为人工智能的相关领域制定公平的指导方针。

第二节 人工智能对社会的影响

过去，机器代替人们进行非技术性的重复工作，比如工厂劳作。然而，人工智能变得越来越发达，也越来越有能力取代熟练的劳动力，协助进行复杂工作。在劳动力、教育、军事，甚至是儿童保育方面，人工智能正在逐渐显现其为社会带来宝贵财富的巨大潜力。

类人机器人与半机械人如果保持外观上的机械性，人们就很容易将它们视为机器。但是，如果我们制造出来的机器人拥有如同皮肤一般的覆盖物，有皮毛，或者其他动物的属性我们可能难以把它们当作机器。目前我们不仅在试图制造类人机器人（外观如同人类一样的机器人），还在努力开发半机械人（体内装有机械或电子设备的人），让真人和动物拥有机器人的一些功能。

一、人工智能现状

众所周知，使我们成为人的，并不仅仅是我们的肉身。是思想真正使我们成为人。因此，在认可人工智能的智力和性格之前，我们大概不会要求它看起来像人。

事实上，研究人员已经发现，人们可以与在外表上人造痕迹很重的机器人进行互动，建立联系；然而，赋予机器人一些与人类形态相似的特征，比如两只"眼睛"和直立的姿态，更有助于我们维系与它们之间的关系。

研究表明，我们对具有人类特征的机器人反应更佳，这些特征包括皮肤、毛发和身体动作等。例如，2013 年，佐治亚理工学院的科学家们开发出一种机械皮肤，其上安装了成千上万根细小的机械毛发，若被摩擦或接触按压便会产生电流。配备此种皮肤的机器人便会拥有"触觉"。这项技术最终可以在假体上使用，能代替身体缺失或伤残的部分，甚至可令失去肢体的人恢复体感。

2016 年，东京工业大学的研究人员发明了一个配备人形骨骼和微丝"肌肉"组织的机器人——这种组织可以与关节连接，能够像人类的肌肉一样收缩和舒张。这一机器人腿上的肌肉和人类一样多，可以流畅地做出动作，然而，它仍然缺乏力量，需要帮助才能行走。

凯文·沃里克是雷丁大学的控制学教授，他可以算是半机械人，即半人半机器。他的体内被植入微型电子设备，并连接到他的神经系统。

植入第一枚芯片后，当他靠近特定建筑时，信号会被追踪，门和灯会自动开启。第二枚植入物把他的神经系统连上了互联网，第三枚则让他能够在大西洋的另一边控制机械手臂。

他的最终愿望是能够下载自己的感觉和思想，并将其存储在电脑里。他同时也希望跟其他装有类似设备的人进行直接交流——为了帮助他进行实验，他的妻子现在已经被植入这种设备。

控制学是探索人工和生物系统的控制机制的一门分支技术。研究这一领域的科学家们刚刚开始往一些动物体内添加电子元件。目前，科学家们并不是在创造人工智能动物，而是在用另一种方式让动物适应我们真正的需要。

东京的研究人员已经找到方法，可以在蟑螂身上植入一种电子设备，这种装置能让科学家通过遥控来移动蟑螂的腿——这种装置发出的电脉冲和蟑螂自身的神经系统并无区别，能够使蟑螂朝着控制者想要的方向行走。这项技术也已经在老鼠身上进行了试验。

如果控制学发展到极致，人们将有可能通过在大脑中植入电子元件来获得"超人"的能力。到时候，人们可以用心灵感应来交流，甚至不用药物就能缓解疼痛。这个设想可以运用于许多领域，比如阅读犯罪嫌疑人的思想，以及与不能说话的残疾人交流等。

二、人工智能与工作岗位

任何社区团体要正常运行，都缺不了许多艰苦又不够体面的工作岗位。这些工作通常会交给一些因技能有限而缺乏更好选择的人。开发人工智能的时候，我们通常将满足人们的需求作为目标，包括做那些我们不想做的工作，或者不能以快速、廉价或高效的方式去完成的工作。然而，如果这些工作被人工智能完成，那些被替下的人将如何谋生呢？厂房里的许多重复性劳作已经由机器完成。这些机器没有任何智能，但是它们可以很快完成更多的工作。某些枯燥、不洁、令人讨厌的工作，由于需要某些特定技能，所以我们暂时还没有安排机器去完成，比如打扫卫生、采摘水果，以及一些基本的护理工作如清理医用便盆等。

在某些岗位上，智能机器可能比人类更有效率，因为它们不需要假期，不需要休息，也不会请病假。

三、培养熟练工人

并不仅仅是非技术工人有可能被人工智能系统取代。随着法律和医学等领域专家系统的改进，人工智能可能会接手某些需要熟练技能的工种。

如果可以求助专家系统来支持他们的诊断或判断，那么医生或律师就可能不再需要掌握知识系统中过于庞杂的细枝末节。

创造力是人工智能发展的另一领域。现在我们已经做出了较为基础的故事写作程序，而电脑也已经能够将简单的音乐片段整合在一起。人工智能系统可以通过让人类尝试其创造的"音乐作品"以了解他们的喜好，也可以分析人类创作的流行音乐或文学作品。如果它可以找到一定规则，并从人类的反馈中持续学习，最终或将能够创造出新的娱乐潮流。

人工智能已经被有效地用于教育。试想，一名全知全能的老师，有着精湛的教学技巧，能够使用各种各样的方法来满足学生的需求，而且能够用不同的方式解释同一要点，永不厌倦。吉尔·沃森——一个由 IBM 沃森平台创建的虚拟教学助理（TA），是佐治亚理工学院 2016 年一个在线课程的九名助理之一。它帮助回复了在线论坛里来自 300 名学生的上万条信息，没有一个学生知道与他们互动的是人工智能，因为它回答问题的准确率达到了 97%。但是，人工智能程序能在真实的课堂上提供帮助吗？能够具备教师的某些重要素养，比如积极热忱、关心学生进步，以及具有幽默感吗？

在医学中，人工智能已经被用于诊断和治疗。2015 年，IBM 收购了 Merge Health- care，这是一家帮助医生存储和获取医疗图像的公司。IBM 利用其 300 亿张图片来"训练"沃森软件，希冀创造出能够诊断并治疗癌症及心脏病等疾病的人工智能。

电子专用医疗记录系统，这一项目囊括 3700 个医疗服务提供方、1400 万名患者的丰富资源，以及医生治疗类似病患的数据。它能够即时挖掘数据并提供相应的治疗建议——与当今医学界采取的方式别无二致。如今，人工智能尚不能取代医生在临床上的位置，但如果它最终在现实中具备了护理者的资格，患者到底是会因为缺失人际互动而感到悲伤，还是会因为没有人每天看到他们的脆弱而觉得欣慰？这就需要我们仔细评估每个人的不同需求。

机器人现在已经能够实施医学生需要训练数年才能掌握的某些外科手术技术（图 5-2-1）。

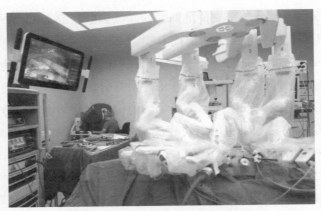

图 5-2-1　机器人实施外科手术

第三节　"以人为本"的智能产品设计

一、智能家居

（一）智能灯

1. 智能助睡眠灯

Suzy Snooze 婴儿助眠灯是一款基于客户需要设计的产品（图 5-3-1）。这是一款帮助小朋友们入眠的新型婴儿监护器（图 5-3-2）。其散发的柔和光线和舒缓音乐将为儿童营造舒适和熟悉的氛围，帮助他们心情愉悦地快速入睡。

图 5-3-1　Suzy Snooze 婴儿助眠灯外观

图 5-3-2　Suzy Snooze 婴儿助眠灯开启

当与 Bleep Bleeps 应用程序一起使用时，Suzy 可当作一台音频婴儿监视器使用，父母可通过高清、安全的音频设备实时监测他们的宝宝（图 5-3-3）。

图 5-3-3　父母用 Bleep Bleeps 应用程序监测婴儿情况

2. 智能照明灯

Nanoleaf Aurora 的设计灵感来源于美丽绝伦的北极光（图 5-3-4），旨在透过光影的变幻来打造美轮美奂的个性化创意照明体验。它由多个变色的三角形的 LED 灯组成，可以像乐高积木一样轻松地组合在一起，并且可任意安装在墙上、桌子上、天花板上等。这款照明系统没有固定的形状，用户可以凭想象力组成他们想要的形状（图 5-3-5），通过语音或动动手指来控制照明灯的形状和颜色。

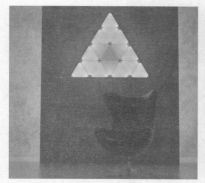

图 5-3-4　Nanoleaf Aurora 照明灯外观　　图 5-3-5　用户根据自己喜好设计照明灯形状

Nanoleaf Aurora 在设计过程中，设计者调查了几千人的意见，人们都希望产品的外形既美观，又是日常生活中常见的形状（图 5-3-6）。设计者便选用了多变的三角形来做设计。

图 5-3-6　Nanoleaf Aurora 的三角形模块

另外，Nanoleaf Aurora 是一款可用智能手机 APP、语音控制（iOS、Google Now 和 Amazon Alexa）和遥控器进行遥控的交互产品。此外，它还可通过 IFTTT 等自动化平台实现遥控（图 5-3-7）。给用户最大程度的选择自由是设计理念的核心。

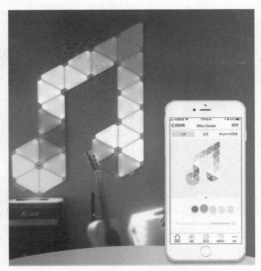

图 5-3-7　Nanoleaf Aurora 的智能手机 APP 系统

（二）智能空气监测仪

Foobot 是一款监测室内空气质量的智能设备（图 5-3-8）。Foobot 可以追踪空气中最小的颗粒，全天候监视室内所有产品、家电及家具产生的化学物质，并设置合适的室内温度和湿度。它还将适时发布合理的方案来解决现有的问题及预防新问题的产生。

图 5-3-8　Foobot 空气监测仪

如图 5-3-9 所示，Foobot 空气检测仪连接用户手机 APP，实时监测空气质量。

图 5-3-9　Foobot 空气检测仪连接用户手机 APP

（三）智能恒温器

Ecobee3 是一款智能恒温器（图 5-3-10），它与仅测量某个固定地点（如门厅）温度的传统恒温器有显著不同。Ecobee3 智能恒温器配备远程传感器，可自动调节不同房间的温度。这个独特的功能让它在其他恒温器中脱颖而出。其系统用 Wi-Fi 连接，可为用户节省约 23% 的供暖及制冷费用（图 5-3-11）。Ecobee3 触摸屏表面有轻微的弧度，这个小小的弧度设计让 Ecobee3 看起来更加人性化。

图 5-3-10　Ecobee3 智能恒温器外观

图 5-3-11　Ecobee3 智能恒温器系统与 Wi-Fi 连接

（四）智能盆栽

人们会因为各种各样的理由去种植食物，其中一个主要原因是他们对于食品原产地的担忧。正因此，越来越多的人开始尝试在城市居家环境种植作物，然而种植过程却不是那么简单，它需要知识、时间及特定的生长环境，而城市居家环境可能并不具备此类生长环境。

Niwa ONE 是交互式的软硬件平台，帮助简化种植过程（图 5-3-12）。Niwa ONE 通过手机 APP 控制，十分简便（图 5-3-13）。

图 5-3-12　Niwa ONE 智能盆栽设备

图 5-3-13　Niwa ONE 通过手机 APP 控制

　　Niwa ONE 将专业种植人员的经验转化成一款智能软件，将这些知识和经验整合到 Niwa ONE 云端中。Niwa ONE 云端一直在不断更新，是用户自动习得经验的平台。

（五）智能音箱

　　Lyric 无线音箱是能够随音乐同步显示歌词的新一代音箱（图 5-3-14）。当我们在手机上选择一首歌曲时，其歌词将会显示在透明的屏幕上。如果我们选择的是民谣类的舒缓歌曲，那么歌词的字体和移动频率也会随之变得舒缓。如果是摇滚类的激情四射的歌曲，那么歌词的显示效果也会随之变得动力十足。

图 5-3-14　Lyric 无线音箱外观

图 5-3-15　用户通过手机 APP 对 Lyric 无线音箱进行设置

（六）智能吸尘器

Handy_VA 是一款可拆卸式的吸尘器，机身包括一个可拆卸的手持模块。用户可根据需要选择使用手持吸尘器模式（图 5-3-16）还是机器人吸尘器模式（5-3-17）。

图 5-3-16　手持吸尘器　　　　　　图 5-3-17　机器人吸尘器

（七）智能迷你传感器

Notion 迷你传感器可轻松追踪家里的一切（图 5-3-18），无论用户身在何处。它可用来监测很多东西，用户可以将 Notion 附在任何想要监测的物体上，之后便可通过 Notion APP 查看其状态。

图 5-3-18　用户将传感器安装在门上，随时监测门是否打开

只需使用一个 APP，用户便可轻松监测家里的一切（图 5-3-19）。

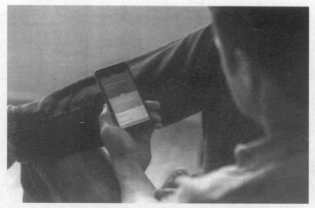

图 5-3-19　用户通过 APP 对自己家进行监测

（八）智能家居监控安保系统

Netatmo 是一家极具创新意识的智能家居公司，他们已经研发了一系列直观易用、造型美观的交互设备，包括 Presence 户外安全摄像头、Welcome 家用网络监控摄像头，旨在为用户提供无缝的体验，帮助他们打造更加安全、健康和舒适

的家居环境。

1. 户外安全摄像头

Presence 户外安全摄像头（图 5-3-20）可以区分人、动物和车辆。如果有车进入了用户的私人车道或者用户的宠物跑到院子里，Presence 将实时监测并发送报告（图 5-3-21）。

图 5-3-20　Presence 户外安全摄像头外观

图 5-3-21　Presence 户外安全摄像头向用户发送报告

2. 家用网络监控摄像头

Welcome 家用网络监控摄像头带人脸识别功能，会识别用户的家庭成员，在他们经过时通过智能手机给用户发送通知。如果有陌生人进入，用户也会收到警告（图 5-3-22）。

图 5-3-22　Welcome 家用网络监控摄像头外观

3. 智能安保设备

Dojo 是一款外形酷似鹅卵石的设备（图 5-3-23），它可通过机器学习及行为跟踪来监测入侵及阻止进攻。在与家庭网络连接之后，它可以将每个设备都添加进来，并监测它们的活动。在需要采取行动时，它会向用户发送提醒，并自动拦截所有攻击。

图 5-3-23　Dojo 智能家居安保系统

（九）智能沙发

Lif-Bit 是一款可由智能手机来控制的智能沙发。它由多个可任意移动的六角形模块组成，可任意组合成不同座位。用户可通过平板电脑或手势感应来控制每个模块。Lift-Bit 搭载的 APP 内含众多预先设定的排列组合，同时，它还允许用户自行排列各种组合（图 5-3-24）。

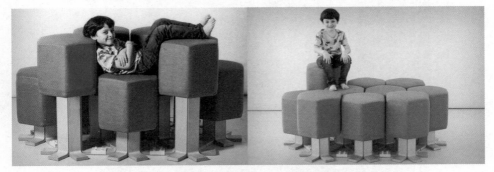

图 5-3-24　用户自行排列 Lift-Bit 智能沙发的形状组合

二、医疗与健康

（一）智能腕带

Embrace 智能腕带采用将传感器和算法相结合的创新设计，具备预测癫痫发作的功能。帮助癫痫患者提前做好准备，确保他们处于安全的环境，这大大减轻了癫痫病人的心理负担。Embrace 的外观设计简约时尚，颇具吸引力。这款外形酷炫的智能腕带面向大众，无论男女老少皆适宜（图 5-3-25、图 5-3-26、图 5-3-27）。人们不会将这款腕带与癫痫病人联系起来，病人佩戴它时也会感到舒适自然。

图 5-3-25　儿童佩戴 Embrace 智能腕带

图 5-3-26　职场白领佩戴 Embrace 智能腕带

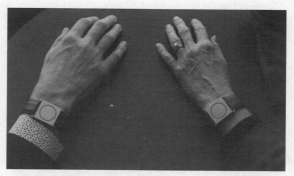

图 5-3-27　老年人佩戴 Embrace 智能腕带

　　Embrace 智能腕带会监测用户的日常活动并收集用户的生理数据。然后它会实时分析这些数据并给用户发送反馈（图 5-3-28）。

图 5-3-28　Embrace 智能腕带系统工作流程

（二）智能健康监测笔

　　Vitastiq 是一款精致小巧的便携式设备，看起来就像是平板电脑的手写笔。与APP 配对后，Vitastiq 将定期监测用户的维生素和矿物质含量，并给用户提供科学的营养平衡的膳食建议（5-3-29）。

图 5-3-29　Vitastiq 健康监测笔与手机 APP 连接

（三）智能腰带

WELT 智能腰带外观时尚大方，它会追踪用户的体脂（健康的重要指标之一）、步数、久坐时间及摄入热量的高低，并会对这些健康数据进行再处理，为用户提供健康警告和可执行的建议（图 5-3-30）。

图 5-3-30　WELT 智能腰带与 APP 连接监测用户健康

（四）便携式食物过敏原检测仪

Nima 食物检测仪器可快速检测食物中是否含有麸质，识别过敏原，帮助人们引领健康的生活方式（图 5-3-31）。

图 5-3-31　Nima 便携式食物过敏原检测仪外观

图 5-3-32　ZZZAM 智能互联闹钟外观

（五）智能闹钟

ZZZAM 智能互联闹钟运用纳米吸附技术，可以牢固地挂在墙上或放在床头（图 5-3-32）。它会感知用户睡觉时室内的湿度和温度。根据用户的睡眠数据智能地设置闹铃时间，并给用户提供睡眠建议。

（六）女性智能手环

Ava 女性智能手环是一款追踪女性生理状况的手环，它可以帮助女性确定每个生理周期中平均 5 天的受孕期，增加怀孕概率。同时，Ava 智能手环还会在备孕及怀孕期间监控用户的身体健康状况。用户还可以使用它来深入了解自己的月经周期情况（图 5-3-33）。

图 5-3-33　Ava 女性智能手环外观

（七）女性智能首饰

LEAF 是一款外形时尚的智能首饰，它外形酷似一片树叶（图 5-3-34），功能类似于健康追踪设备。它可以跟踪睡眠、记录日常活动及监测女性的生殖健康。LEAF 强有力地证明健康追踪设备也可以做到既实用又美观（图 5-3-35）。

图 5-3-34　LEAF 智能首饰的外观　　　　图 5-3-35　女性佩戴 LEAF 智能首饰

第四节　人工智能的未来

我们会给予人工智能机器多大的权利，来让它们替代人类做出选择？从某些方面来说，一些重要的选择已经交给人工智能，例如银行利用电脑筛选出有偿还能力的贷款人。

如今，越来越多的抉择由电脑完成，而我们亲身参与管理世界的机会则在减少。过度依赖我们不能直接掌控的系统有很大隐患。如果人类过度依赖人工智能系统，某一天系统因为病毒或程序错误而死机，人类社会最终将无法继续运转。但话又说回来，人工智能的创新给人类带来了极大的好处，随着人工智能研究的发展，科技获得了日新月异的进步，人工智能被应用于越来越多的领域，人类的生活质量也越来越高，人工智能的未来既令人兴奋，同时又隐含危险，每一代人工智能都需要输入足够多的信息才能做出明智的选择——这一点非常重要。

一、人工智能的复制

计算机擅长处理需要逻辑和运算的任务——它们在这方面已经领先于人类。这意味着在设计其他计算机时，它们可以发挥非常重要的作用。与人类相比，一台智能计算机可以更好地完成制造、改良智能计算机的工作。但是否能说，只有将设计和制造人工智能的工作掌握在人类手里，我们才能高枕无忧呢？就目前而言，我们是根据需求来相应地设计新型机器，如果把这项工作交给计算机，它的设计或许会与我们的预期有很大的偏差。计算机在改良模型或机器时的"想法"并不一定总能契合我们的要求。

麻省理工学院已经开始着手利用计算机来设计智能机器。他们致力于开发一个设计系统，使机械设计师可以和计算机通过"白板"交流——像普通的人际沟通一样画草图和交换想法。计算机可以提出有价值的问题进行计算，并给出建议，然后很快地得出优化计算机的设计方案。

二、机器人的进化

在科幻小说和电影中，经常会出现计算机或机器人统治世界的描述。有人担心这也许会在未来成为现实。

如果我们创造的人工智能系统可以设计其他人工智能并且进行自我优化，那么它可能会开始"思考"人在这个世界中扮演的角色。

战争、饥荒、环境破坏……都可能是人工智能想要结束的恶行。按照这个逻辑，人工智能可能会认为人类在治理地球方面一无是处，而机器会更胜一筹。智能机器最终从人类手中接管地球似乎仍然难以想象，那么，这种场景只会存在于噩梦当中，还是有可能成为真的威胁？

就此问题，研究人工智能的学者没能达成一致。有些学者认为我们很安全，因为我们掌控着机器的能源和制造，我们可以切断能源供应或停止制造机器；而另一些学者则认为，人工智能程序可以通过互联网进行交流，它们或许有能力控制电网，并有足够的智能来规避人类的控制。我们对计算机操控系统的依赖性如此之大，完全有可能沦为机器的"人质"，它们有可能引爆炸弹、摧毁警察系统，或引发经济危机。

三、人工智能创新

尽管拓展人工智能的范围和能力会有很大风险，但人工智能也可以造福人类。人工智能也许可以解决目前棘手的问题，并赋予人类一些曾经只敢想象的能力。

延长人类寿命和挽救生命是研发人工智能矢志不渝的目标之一。人工智能可以用来照顾老人，让他们可以更好地自主生活。这样一来，有养老负担的人们也可以继续工作，同时国家医疗支出也有望减少。

有了人工智能，汽车不仅能够逐渐实现自动驾驶，还有可能减少交通事故的发生。

另一个振奋人心的研究范围是人工智能可应用于增强人类的能力。

电子人（Cyborg）可能不再仅是科幻小说中的概念，也许我们真的可以将科学技术运用到人类的身体上。如果我们拥有可以和大脑协同工作、赋予我们超强记忆力，以及能处理复杂数学运算的人工智能设备，生产力会提高多少呢？如果我们能用大脑连接互联网并"下载"技能，比如打字或学习语言，世界会变成什么样子呢？如果有人失去了肢体，我们可以创造相应的人工智能来操控机械肢体，做出精细的动作吗？沿着这个方向进行研究，智能外骨骼可以帮助年长者轻松地步入老年生活。

随着机器人变得更加智能，感情更加丰富，它们可以和人类进行无缝对话。这有可能会改变我们的社交活动方式，因为到时候人们的注意力会从宠物和人际关系转移到人工智能上。从照顾儿童到陪伴老年人，人工智能系统可能刷新我们的家庭观和社交观。

四、科技进步带来的影响

随着人工智能创新向前推进，深远的影响也接踵而至，我们必须思考如何去处理这些关注点。如果人工智能技术可以实现电子人，可以增强人类的能力，那恐怕只有富人才有这样的改造机会，与此同时，穷人支付不起大脑移植或仿生肢体的费用，贫富差距恐怕会进一步拉大。

智能社交机器人是否会大幅减少人与人之间的交流，是否会影响人际交往的质量？如果人们可以与更容易相处且性格直率的机器人进行互动，那么他们还会选择和可能喜怒无常、表里不一的人类做朋友吗？诸如发短信或使用社交媒体这样简单的事情已经对人们的面对面交流和实时电话沟通造成了巨大影响。人工智能可以从根本上改变人们对待人际关系和社群的态度——无论是好还是坏。

如果人工智能系统既接管了粗活又能干技术活，那么被它们替换下来的失业人群将会如何？过去几年里，美国失业率不断上升，心理障碍问题在人群中的发生比例和犯罪率也随之提高。任何部门的工作都有可能由机器人完成，这一影响可能会渗透到教育行业。如果一个人因为接受教育而背负债务，只得到很少的工作机会，那么他继续深造的回报就会减少。人类会不会因为对社会的贡献变少而"贬值"？如果是这样的话，那么关于堕胎和安乐死——为了让他人免于痛苦而有意地结束其生命——的法律会受到什么样的影响呢？

五、展望

数十年后的未来，人工智能机器可能与人类别无二致。经过精心设计，它们可以作为独立的存在来思考、学习、感知及行动，能够无限量地扩充知识和提高效率。好似生物学和化学的发展——既带来了全新的药物，也带来了化学战之类的危机，人工智能也充满了无限潜力和巨大风险。

随着技术的迅猛发展，人类必须去预测可能面对的挑战。伦理委员会需要思维缜密的成员来编写完善的关于人工智能的伦理规范；政府官员、法官和律师要齐心协力制定人工智能领域的相关法律；军队领导要严格限定智能系统在战争中的应用……这些人员必须进行跨领域交流，使人工智能技术的益处最大化而危害最小化。人们对人工智能的了解和交流越多，我们就越有可能在前进的过程中做出更明智的决定。

第六章　3D 打印技术在智能产品设计制造中的应用案例

本章主要介绍 3D 打印技术在智能产品设计制造中的应用案例，分别以"六边形无人机"、"木牛流马"以及"外来物种"为案例展开详细解读。

第一节　"六边形无人机"案例

六边形无人机案例是鲁迅美术学院工业设计学院 2018 至 2019 年的 3D 设计与实践课程的课题，这个课题的目的是让学生抛弃产品设计就是设计外壳的这种错误思想，建立产品功能与形态表达与 3D 打印工艺相互结合的多点并行的思维模式。前期让学生根据无人机不同的功能上网采购不同型号的无人机机芯和框架，然后对采购的机芯和框架进行精确测绘，将测绘的结果制作成三维模型文件，这个三维模型就成为我们设计无人机的起点。

训练要求学生认真、积极与指导教师沟通和交流，善于钻研和捕捉产品的设计创意。选题新颖立意明确，题目具有较强的实际意义，作产品经过设计能解决一定的社会问题，并且作品形式与内容能得到很好的统一，作品具有一定的表现力和艺术感染力。要求学生娴熟掌握计算机软件，能很好地把设计概念表述出来，作品方案满足实物加工的实际需求，报告书版式设计美观完整。"六边形无人机"最终效果展示如图 6-1-1 所示。

图 6-1-1　六边形无人机三维模型展示

该无人机案例是由犀牛软件创建完成的，在创建模型之前要做好对内部电机零件的测绘工作，并将已经测绘的数据创建出三维模型作为设计尺寸参考。六边形无人机这个案例在建模的过程中使用了大量的平面建模工具，如画线、挤压、放样等，不需要复杂的命令就能创造出很强的形式感，模型要求严格按照实际比例进行制作，尽量用最简化的面，利用检测工具确定模型为封闭实体，为导入3D 打印软件做好准备。

一、软件建模

（一）将无人机的不同部件在犀牛软件内部分好图层

这个阶段检查模型是否为封闭实体，零件与零件之间的衔接结构是否合理（图 6-1-2），并模拟组装时可能遇到的问题（图 6-1-3）。

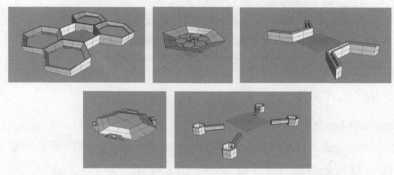

图 6-1-2　将无人机的不同部件在犀牛软件内部分好图层

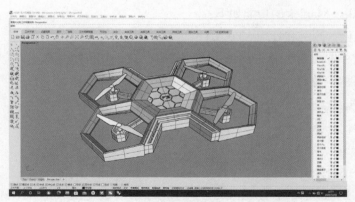

图 6-1-3　模拟组装

（二）将部件分别存储为 STL 格式

目前 STL 格式被广泛用于快速成型、3D 打印和计算机辅助制造（CAM）。

STL 的文件仅描述三维物体的表面几何形状，没有颜色、材质贴图。在犀牛软件里我们可以到"文件—导出选取的物件—保存类型"里面找到 STL 文件，用默认参数保存即可（图 6-1-4）。

图 6-1-4　将部件分别存储为 STL 格式

（三）切片处理部分

Materialise Magics 是款专业强大的快速成型辅助设计软件。Materialise Magics 是最理想、最完美的 STL 文件解决方案，为处理平面数据的简单易用性和高效性确立了标准，提供先进的、高度自动化的 STL 操作，为工业产业以及医疗应用方面做出了巨大贡献，是目前用户 3D 打印的必备软件。

Materialise Magics 的功能如下：

①可视化，测量和处理 STL 文件。

②安装 STL 文件，整合外形，表面修整，双重三角检测器。

③剪切 STL 文件，穿孔，挤压表面，挖空，偏移处理。

④布尔运算，三角缩减，光滑处理，标记。

⑤嵌套，碰撞检测。

⑥着色 STL 文件。

⑦它是完全针对快速成型工序特征需求的唯一软件。

⑧软件的强大高效 3D 工具，使用户可以用最短的前置时间提供高质量样品。

⑨同时，在操作过程中提供给用户及其客户全部的文件。

在 Materialise Magics 中打开之前保存的 STL 模型文件（图 6-1-5）。

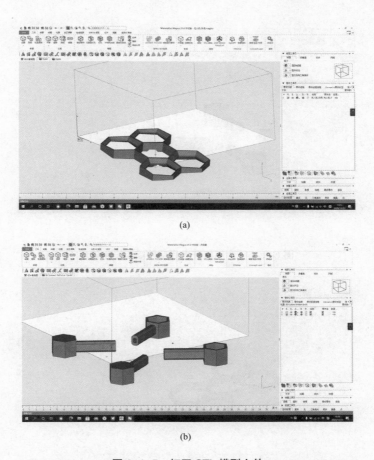

(a)

(b)

图 6-1-5　打开 STL 模型文件

因为在内部打开之后部件模型会发生偏移，按 Ctrl+A 将物件放置在平台中心（图 6-1-6、图 6-1-7）。

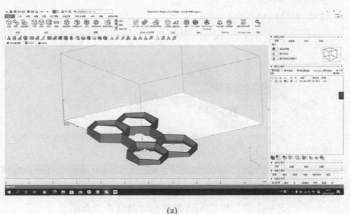

(a)

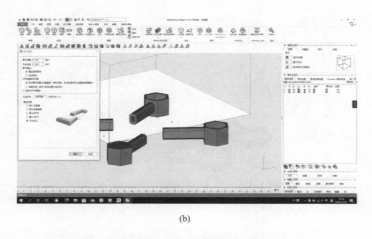

(b)

图 6-1-6　内部打开之后部件模型发生偏移

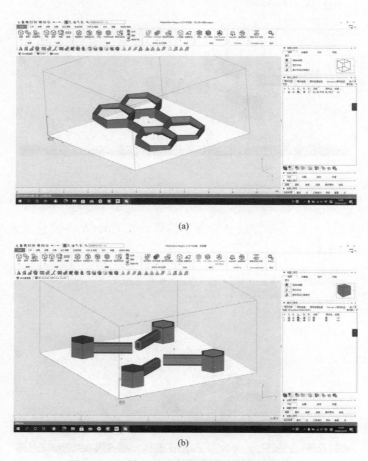

(a)

(b)

图 6-1-7　按 Ctrl+A 键将物件放置在平台中心

旋转调整部件的水平角度，使部件与平面生成夹角，为进一步添加支撑做准备（图6-1-8）。

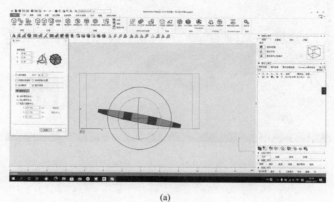

(a)

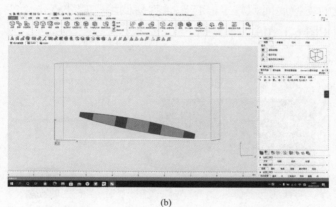

(b)

图6-1-8　旋转调整部件的水平角度

点击"生成支撑"命令，预览大致生成的支撑效果（图6-1-9）。

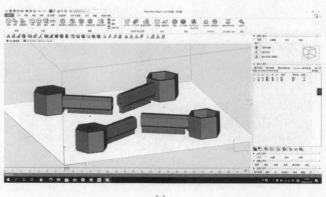

(a)

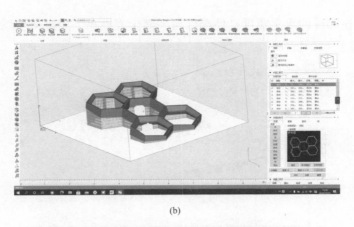

(b)

图 6-1-9 预览大致生成的支撑效果

系统生成的支撑底面积较窄，打印时容易倒塌，需要点击"2D 编辑"，手动增加辅助支撑（图 6-1-10）。

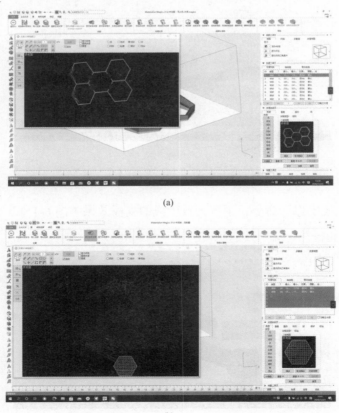

(a)

(b)

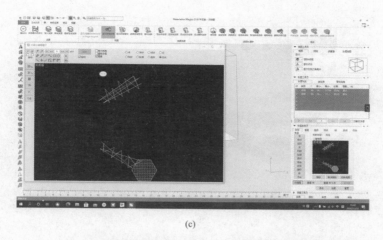

(c)

图 6-1-10　点击"2D 编辑"，手动增加辅助支撑

退出"生成支撑"界面，整体预览效果，保存文件（图 6-1-11）。

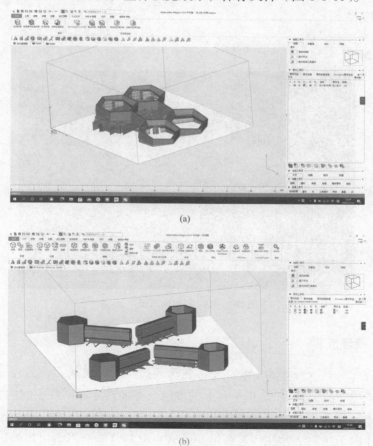

(a)

(b)

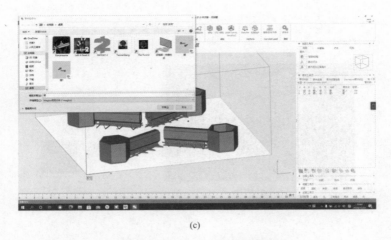

(c)

图 6-1-11　保存文件，退出系统

二、模型打印

操作人员在清理平台（图 6-1-12）。

图 6-1-12　打印前清理平台

（一）清理废料

借助拆除工具——铲刀（推荐使用建筑装修常用的油灰刀，另外一种是家居清洁用的多功能清洁铲刀），将平台上的废除支撑清理干净（在平时的 3D 打印机使用过程中，要养成及时清理这些残留的打印废弃材料的习惯，保持 3D 打印机平台及机体内干净整洁，往往这些堆积的残余材料可能会影响机器的运转，可能打印时触碰这些残余材料黏合在一起，影响 3D 打印模型的成型质量）。清理废料的铲刀如图 6-1-13 所示。

图 6-1-13　清理平台上的废料

（二）检查设置

在软件中根据支持的文件格式"六边形无人机"的模型，根据模型的造型结构选择合适方向将模型放置到打印平台，调整模型的尺寸大小（图 6-1-14），注意悬角与密度的关系（悬角与密度是支撑结构的两个重要参数，悬角指定了支撑的补位与范围，悬角越小，支撑的部位越多，支撑的范围也随之增大，而支撑结构的拆除难度增加了；悬角越大，支撑的部位越小，支撑的范围也相应减小，支撑结构的拆除相对简单）。

图 6-1-14　操作人员打开预览界面检查支撑

（三）添加原料

将准备好的树脂溶液倒入机器当中，3D 打印使用的树脂溶液一般为光敏树脂，即 UV 树脂，该树脂分为溶剂性 UV 树脂和水性 UV 树脂，由聚合物单体与预聚体组成，其中加有光（紫外光）引发剂（或称为光敏剂），具体操作如图 6-1-15 所示。在一定波长的紫外线（250—300 纳米）照射下立刻引起聚合反应，完成固化。光敏树脂一般为液态，完全固化之后具有高强度、耐热、防水等优异性能。

图 6-1-15　操作人员将树脂溶液倒入打印机中

（四）调试

操作人员首先清理刮刀（图 6-1-16），准备内六角扳手、塑胶手套、餐巾纸工具，清理刮刀。待刮刀自动向前走 200mm 时，可以开始清理刮刀。带好塑胶手套，用内六角扳手对刀刃底部来回刮动，直到刀刃底部无异物。之后调整打印机操作界面，设置参数，包括温度，速度，模型的成型细节等参数（图 6-1-17），预览打印路径以及模型部件放置的区间范围，反复调整，如检查无误，执行打印命令（图 6-1-18）。

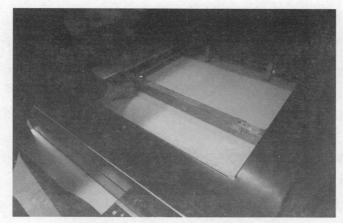

图 6-1-16　操作人员清理刮刀

图 6-1-17　操作人员检查平台

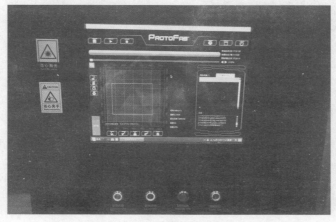

图 6-1-18　执行打印命令

（五）热床加热

借助热床加热将热床面板加热至程序预设的温度，该温度值为打印耗材接近熔融状态时由硬变软的温度。例如，通常打印 PLA 时为 70℃，打印 ABS 时为 100℃。塑料丝在该温度下变得可以流动，热床对于固定模型很重要，如果热床温度不够或加热效果不好，轻则会造成模型翘边，重则模型很容易脱离平面造成移位或错位，打印件第一层在恒定温度下会像胶水一样将打印件第一层与热床面板黏合在一起，当打印结束后，随着热床的温度降低，第一层因为收缩固化而逐渐从热床面板上脱离，使得打印件可以轻易取下来。在这个过程中，激光会不断扫描设置的支撑路径（图 6-1-19、图 6-1-20）。

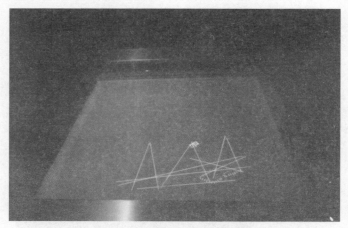

图 6-1-19　激光在扫描预设置的支撑路径

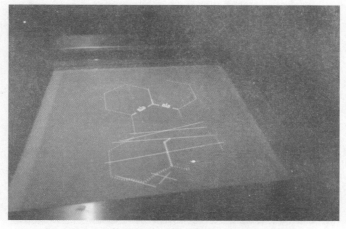

图 6-1-20　激光在不断重复扫描预设置的支撑路径

（六）激光生成

在树脂槽中盛满的液态光敏树脂，在紫外线激光束的照射下会快速固化。成型过程开始时，可升降工作平台处于液面下的一个确定深度，聚集后的激光束，按照计算机截面轮廓的指令要求，沿液面进行扫描，即逐点固化，使得被扫描区域的树脂固化，即逐点固化，当一层页面扫描完毕后，未被扫描的地方仍是液态树脂。然后升降台带动平台下降一层高度（图6-1-21、图6-1-22），易成型的平面上又铺上一层液态树脂，如此反复直至整个零件制作完毕，从而得到该三维模型的树脂打印件。

图 6-1-21　操作平台开始上升

图 6-1-22　平台完全上升

（七）切除支撑

我们需要先等打印平台降温至环境温度后再进行拆卸。由于打印件可能会被粘住拿不下来，特别是与打印平台接触面积较大的打印件，当遇到这种情况时切忌强行用手掰打印件，否则很容易导致打印件裂开甚至局部折断，这个时候需要借助拆除工具——铲刀（图 6-1-23）。刀片插入打印件与打印平台之间，撬开1mm 左右的缝隙，轻敲铲刀，且与打印平台夹角尽量小，慢慢插进缝隙（图 6-1-24、图 6-1-25），建议先从模型的边缘部位向中心铲除支撑，直至打印件可以取下。为防止打印材料有可能导致的身体过敏，处理光固化模型时，最好是戴上手套，操作完成后使用洗手液清洗双手。

图 6-1-23 操作人员准备用铲刀取件

图 6-1-24 铲刀从底部轻轻插进

图 6-1-25　部件全部被取下

（八）酒精冲洗

如图 6-1-26 所示，将取下的部件放入水池中，等待残留的液体树脂固化，倒入准备好的浓度为 90% 的酒精溶液（因为模型表面沾有树脂，单纯浸泡的话，很难洗掉模型表面的树脂。此时，需要用柔软的刷子轻轻擦拭模型表面的树脂，操作时尽量轻缓，以免折断支撑），之后支撑会被泡软（图 6-2-27），并将容易剔除的支撑摘除（图 6-1-28），缝隙或是较难去除的地方需要通过后期打磨去除，酒精会溶解打印层突出的部分，从而令表面变得光滑，将剔除下的支撑放入垃圾箱中（图 6-1-29）。

图 6-1-26　将酒精倒入水池中

图 6-1-27　将部件浸泡一段时间

图 6-1-28　剔除部件表面支撑

图 6-1-29　将剔除下的支撑放入垃圾箱中

（九）入固化箱固化

将冲洗过后的模型部件晾干，晾干之后放入固化箱（器）中（图 6-1-30），设置好参数之后等待固化（光固化材料，对特定波长的光很敏感，感受到这种波长的光照射后，光固化材料就会发生固化，固化器就是提供这种特定波长光的机器），光固化树脂在打印过程中，部分树脂没有能完全反应固化，模型表面会有一层未完全固化的树脂，通过固化箱进行二次固化，可以在短时间内完全固化，固化完成后的模型，表面更加光滑，可大大增加模型强度，得到应有的机械性能强度，且不易开裂（图 6-1-31）。

图 6-1-30　将部件放入固化箱（器）

图 6-1-31　设置好时间等待固化结束

（十）打磨

将固化好的部件从固化箱当中取出，利用水磨砂纸（图6-1-32、图6-1-33）、打磨棒等工具对打印件表面进行抛光是最常用的处理方法（水磨砂纸的磨料粗细度以目为单位，目数越高磨料越细），建议大家依次使用800目、1000目、1200目、1500目，水磨砂纸可以干湿两用，适当加水不但可以减少摩擦生热造成的表面溶解（特别是PLA等热变形温度较低的材料），而且还能使抛光面更加光滑并且减少耗材粉尘的飞散（图6-1-34）。

图6-1-32 用砂纸对表面突起进行处理

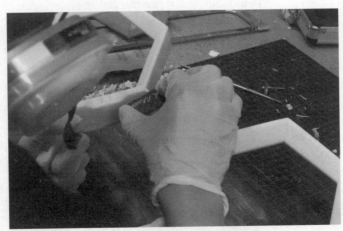

图6-1-33 反复打磨至突起消失

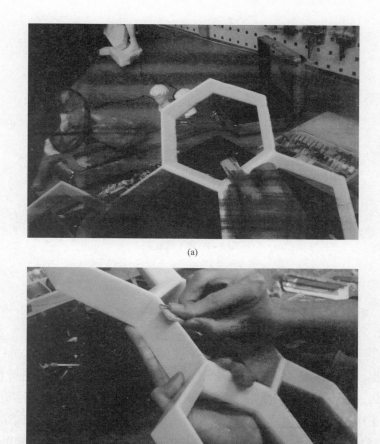

(a)

(b)

图 6-1-34　更换砂纸类型抛光表面

（十一）组装

打磨之后进行冲洗将表面的打磨粉尘清理干净，然后尝试组装，如果发现有偏差的地方，可以用锉刀进行打磨，直至将偏差减少可以完成组装（锉刀使用小型方形锉刀，因为偏差可能会有整体厚度，使用砂纸打磨效率低且耗费高，将偏差厚度打磨之后，再用水磨砂纸对表面进行打磨，直至平整即可），反复检验，没有偏差之后就可以组装起来查看整体效果（图 6-1-35）。

图 6-1-35　组装图

第二节　"木牛流马"案例

　　机械牛案例是 2017 至 2018 年 3D 设计与实践课程的课题作业，这次的课题要求是根据已有的机械传动结构来进行创作，学生要提前购买机芯进行精确测绘，根据所选机芯特点结合仿生形态完成课题任务。机械牛的设计者刘宇航同学的作品，融合了中国传统文化"木牛流马"的思想，结合现代机械机构四足机器人结构形式表现一头抽象的"牛"的形态是非常不容易的，作品最后呈现的效果非常理想，比预期的还要好，将多维度的事物穿针引线到一起形成一个好的作品比单一维度的难度系数要大很多，该同学成功地完成了多维度整合工作，无论从作品的形式、功能、结构都整合得非常巧妙（图 6-2-1、图 6-2-2）。

图 6-2-1　草图部分

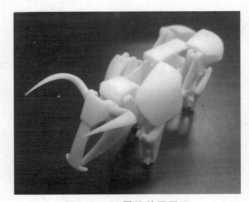

图 6-2-2　最终效果展示

一、检查三维模型

应用犀牛建模软件建立三维模型，过程中要注意零件与零件之间的位置关系，每个穿插结构之间的公差问题。在建立每一个模型的时候，要注意相关的各种数据，根据3D打印机的实际参数情况进行调整，才能保证在打印完成后，能够顺利地进行组装，并使其成功地实现其机械运动（图6-2-3）。

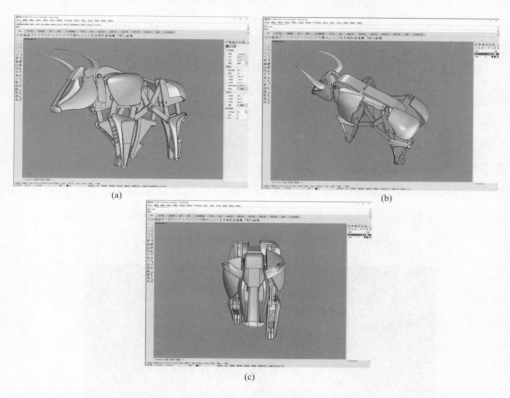

（a）　　　　　　　　　　　　　　（b）

（c）

图6-2-3　检查三维模型

二、模型打印

（一）调试

首先清理刮刀，准备内六角扳手、塑胶手套、餐巾纸工具，清理刮刀。待刮刀自动向前走200mm时，可以开始清理刮刀。戴好塑胶手套，用内六角扳手对刀刃底部来回刮动，直到刀刃底部无异物。调整刮刀，每个刮刀上都有两个旋钮控制两端的高度，通过顺逆时针的方式调节刮刀的升降。在实际操作过程中应注意旋钮的位置，转动旋钮时按"顺高逆低"的规则，注意顺着逆时针的方向，转动到刮刀与网板平衡即可完成。之后调整打印机操作界面，设置参数，包括温度、速度、模型的成型细节等，预览打印路径以及模型部件放置的区间范围，反复调整，如检查无误，执行打印命令。

（二）热床加热

借助热床将热床面板加热至程序预设的温度，该温度值为打印耗材接近熔融状态时由硬变软的温度。例如，通常打印 PLA 时为 70℃，打印 ABS 时为 100℃。塑料丝在该温度下变得可以流动。热床对于固定模型很重要，如果热床温度不够或加热效果不好，轻则会造成模型翘边，重则很容易脱离平面造成移位或错位。打印件第一层在恒定温度下会像胶水一样将打印件第一层与热床面板黏合在一起。当打印结束后，随着热床的温度降低，第一层因为收缩固化而逐渐从热床面板上脱离，使得打印件可以轻易取下来。在这个过程中，激光会不断地扫描设置的路径（图 6-2-4、图 6-2-5）。

图 6-2-4　激光在扫描预设置的支撑路径

图 6-2-5　激光会不断重复扫描

（三）激光生成

在树脂槽中盛满的液态光敏树脂，在紫外激光束的照射下会快速固化。成型过程开始时，可升降工作平台处于液面下的一个确定深度，聚集后的激光束，按照计算机截面轮廓的指令要求，沿液面进行扫描，使得被扫描区域的树脂固化，即逐点固化，当一层页面扫描完毕后，未被扫描的地方仍是液态树脂。然后升降台带动平台下降一层高度，易成型的平面上又铺上一层液态树脂，如此反复直至整个零件制作完毕，从而得到该三维模型的树脂打印件（图 6-2-6、图 6-2-7、图 6-2-8）。

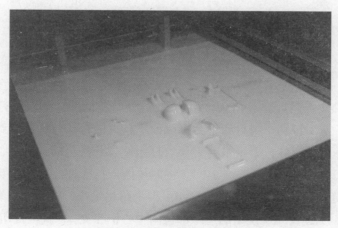

图 6-2-6　操作平台开始上升

图 6-2-7　各部件逐渐升起

图 6-2-8　平台完全上升

（四）切除支撑

　　我们需要先等打印平台降温至环境温度后再进行拆卸。由于打印件可能会被粘住拿不下来，特别是与打印平台接触面积较大的打印件，当遇到这种情况时切忌强行用手掰打印件，否则很容易导致打印件裂开甚至局部折断，这个时候需要借助拆除工具——铲刀（图 6-2-9）。将刀片插入打印件与打印平台之间，撬开 1mm 左右的缝隙，轻敲铲刀，且与打印平台夹角尽量小，慢慢插进缝隙（图 6-2-10），如图 6-2-11 建议先从模型的边缘部位向中心铲除支撑，直至打印件可以取下。最后，工作人员清理剩余的支撑（图 6-2-12）。

图 6-2-9　操作人员准备用铲刀取件

图 6-2-10　将铲刀从底部轻轻插进

图 6-2-11　将部件逐个取下

图 6-2-12　操作人员在清理剩余的支撑

（五）酒精冲洗

如图 6-2-13 所示，将取下的部件放入水池中，等待残留的液体树脂固化，倒入准备好的浓度为 90% 的酒精溶液。因为模型表面沾有树脂，单纯浸泡的话，很难洗掉模型表面的树脂。此时，需要用柔软的刷子轻轻擦拭模型表面的树脂，操作时尽量轻，以免折断支撑。之后，支撑会被泡软，并将容易剔除的支撑摘除（图 6-2-14），缝隙或是较难去除的地方需要通过后期打磨去除（图 6-2-15），酒精会溶解打印层突出的部分，从而令表面变得光滑。

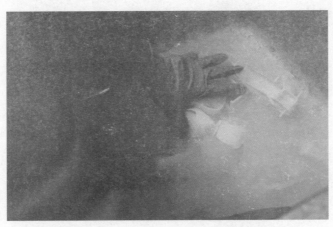

图 6-2-13　将"木牛流马"部件泡入酒精中

图 6-2-14　浸泡一段时间后剔除表面支撑

图 6-2-15 初步剔除支撑后的零件

（六）打磨

　　酒精清洗之后，将"木牛流马"部件表面擦干，放置一段时间，之后用水磨砂纸、打磨棒等工具对打印件表面进行打磨（图 6-2-16、图 6-2-17），抛光是最常用的处理方法（水磨砂纸的磨料粗细度以目为单位，目数越高磨料越细），建议大家依次使用 800 目、1000 目、1200 目、1500 目，水磨砂纸可以干湿两用，适当加水不但可以减少摩擦生热造成的表面溶解（特别是 PLA 等热变形温度较低的材料），而且还能使抛光面更加光滑并且减少耗材粉尘的飞散。"木牛流马"的牛角部位为尖锐且极细的形状，打磨时要注意力度避免折断。打磨处理之后的零件如图 6-2-18 所示。

图 6-2-16 水磨砂纸打湿后大致打磨一次部件

(a)

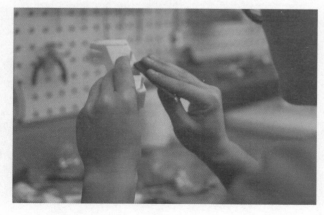

(b)

图 6-2-17 精细打磨部件去除支撑

图 6-2-18　打磨处理之后的零件

（七）组装

打磨之后进行冲洗将表面的打磨粉尘清理干净，然后尝试组装（图 6-2-19），发现有偏差的地方，再次进行打磨（图 6-2-20），直至将偏差减少可以完成组装。因为"木牛流马"案例模型结构为弧形和方形，因此打磨建议锉刀和海绵砂纸并用，海绵砂纸针对处理弧面，锉刀针对处理平整面，去除偏差之后（图 6-2-21），再用水磨高目数砂纸对表面进行打磨，直至平整即可，没有偏差之后就可以组装起来查看整体效果（图 6-2-22）。

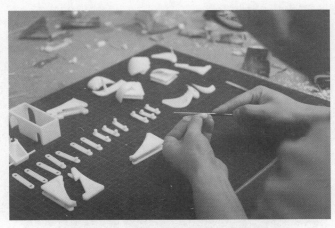

图 6-2-19　使用锉刀对组合度进行校准

(a)

(b)

图 6-2-20　再次使用砂纸对零件进行处理

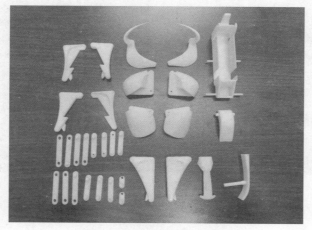

图 6-2-21　部件平面展示图

图 6-2-22　组装图

第三节　"外来物种"案例

　　作品"外来物种"是鲁迅美术学院 2018 届毕业设计上的优秀毕业设计，这件作品将装置艺术与产品设计相互结合产生一种有趣的交互体验，外界任何"风吹草动"机器人都能感受到周围环境的变化，比如震动（敲桌子）、风力（吹口气），"外来物种"体内灵敏的传感器感受到"风吹草动"后就会做出反应。它的体内隐藏了一个微型减速电机，它使传动轴运动，传动轴的规律运动使得机械腿有规律地前后运动，从而带动主体向前运动（图 6-3-1、图 6-3-2）。

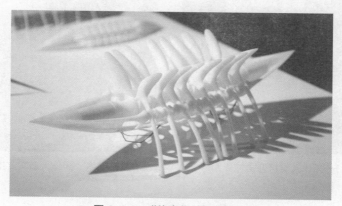

图 6-3-1　"外来物种"成品图

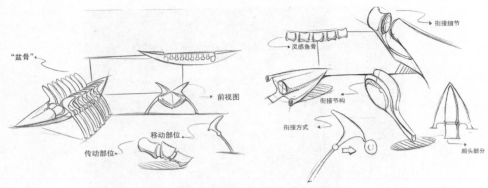

图 6-3-2 "外来物种"草图

一、检查设置

在软件中根据支持的文件格式导入"外来物种"的模型（图 6-3-3），根据模型的造型结构选择合适方向将模型放置到打印平台，调整模型的尺寸大小（图 6-3-4），注意悬角与密度的关系（悬角与密度是支撑结构的两个重要参数，悬角指定了支撑的部位与范围，悬角越小，支撑的部位越多，支撑的范围也越大，而支撑结构的拆除难度也随之越大；悬角越大，支撑的部位越少，支撑的范围也相应越小，支撑结构的拆除相对越简单）。

图 6-3-3 操作人员打开预览界面

图 6-3-4 操作人员对支撑进行检查

二、模型打印

（一）调试

首先清理刮刀，准备内六角扳手、塑胶手套、餐巾纸工具，清理刮刀。待刮刀自动向前走 200mm 时，可以开始清理刮刀。戴好塑胶手套，用内六角扳手对刀刃底部来回刮动，直到刀刃底部无异物。调整刮刀。每个刮刀上都有两个旋钮控制两端的高度，通过顺逆时针的方式调节刮刀的升降。在实际操作过程中应注意旋钮的位置，转动旋钮时按"顺高逆低"的规则，注意顺逆时针的方向，转动到刮刀与网板平衡即可完成。之后调整打印机操作界面，设置参数，包括温度、速度、模型的成型细节等参数，预览打印路径以及模型部件放置的区间范围，反复调整，检查无误后，执行打印命令（图 6-3-5、图 6-3-6）。

(a)　　　　　　　　　　　　　　　(b)

图 6-3-5　操作人员调试打印机设置

图 6-3-6　操作人员预览各部件生成区间

（二）热床加热

借助热床将热床面板加热至程序预设的温度，该温度值为打印耗材接近熔融状态时由硬变软的温度。例如，通常打印 PLA 时为 70℃，打印 ABS 时为 100℃。塑料丝在该温度下变得可以流动，热床对于固定模型很重要，如果热床温度不够或加热效果不好，轻则造成模型翘边，重则很容易脱离平面造成移位或错位，打印件第一层在恒定温度下会像胶水一样将打印件第一层与热床面板黏合在一起，当打印结束后，随着热床的温度降低，第一层因为收缩固化而逐渐从热床面板上脱离，使得打印件可以轻易取下来，在这个过程中，激光会不断地扫描设置的路径（图 6-3-7、图 6-3-8）。

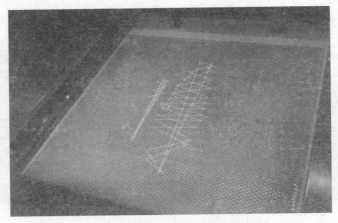

图 6-3-7　激光在扫描预设置的支撑路径

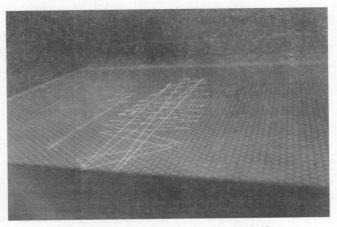

图 6-3-8　此过程中激光会不断重复扫描

（三）激光生成

在树脂槽中盛满的液态光敏树脂，在紫外激光束的照射下会快速固化。成型过程开始时，可升降工作平台处于液面下的一个确定深度，聚集后的激光束，按照计算机截面轮廓的指令要求，沿液面进行扫描，使得被扫描区域的树脂固化，即逐点固化，当一层页面扫描完毕后，未被扫描的地方仍是液态树脂。然后升降台带动平台下降一层高度，易成型的平面上又铺上一层液态树脂，如此重复直至整个零件制作完毕，从而得到该三维模型的树脂打印件（图 6-3-9、图 6-3-10）。

图 6-3-9　躯体部件完成打印

图 6-3-10　足部部件完成打印

（四）切除支撑

我们需要先等打印平台降温至环境温度后再进行拆卸，由于打印件可能会粘住拿不下来，特别是与打印平台接触面积较大的打印件，所以遇到这种情况时切忌强行用手掰打印件，否则很容易导致打印件裂开甚至局部折断，用铲刀（如图 6-3-11、图 6-3-12、图 6-3-13、图 6-3-14 所示）插入打印件与打印平台之间，撬开 1mm 左右的缝隙，轻敲铲刀，且与打印平台夹角尽量小，慢慢插进缝隙，建议先从模型的边缘部位向中心铲除支撑，直至打印件可以取下。

图 6-3-11　使用铲刀取件

图 6-3-12　脊柱部件取件

图 6-3-13　足部部件取件

图 6-3-14　足部部件数量较多但也要耐心取件

（五）酒精冲洗

如图 6-3-15 所示，将取下的部件放入水池中，等待残留的液体树脂固化，倒入准备好的浓度为 90％ 的酒精溶液。因为模型表面沾有树脂，单纯浸泡的话，很难洗掉模型表面的树脂。此时，需要用柔软的刷子轻轻擦拭模型表面的树脂（图 6-3-16、图 6-3-17），操作时尽量轻柔，以免折断支撑，之后支撑会被泡软，并将容易剔除的支撑摘除，缝隙或是较难去除的地方需要通过后期打磨去除，酒精会溶解打印层突出的部分，从而令表面变得光滑。

图 6-3-15　将部件浸泡在酒精中剔除足部部件表面支撑

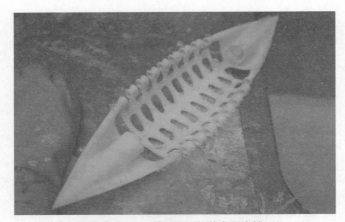

图 6-3-16　剔除躯干部件表面支撑

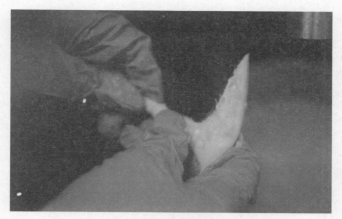

图 6-3-17　剔除足部部件表面支撑

（六）打磨

酒精清洗之后，将"外来物种"部件表面擦干，放置一段时间，之后用水磨砂纸、打磨棒等工具对打印件表面进行打磨（图 6-3-18、图 6-3-19），抛光是最常用的处理方法，水磨砂纸的磨料粗细度以目为单位，目数越高磨料越细，建议大家依次使用 800 目、1000 目、1200 目、1500 目，水磨砂纸可以干湿两用，适当加水不但可以减少摩擦生热造成的表面熔化（特别是 PLA 等热变形温度较低的材料），而且还能使抛光面更加光滑并且减少耗材粉尘的飞散。

(a)

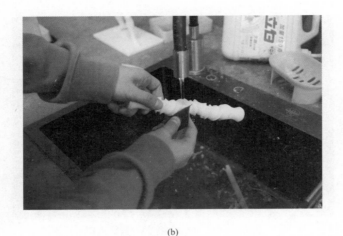

(b)

图 6-3-18　水磨砂纸打湿后打磨脊柱部件

图 6-3-19　水磨砂纸打湿后打磨躯干部件

（七）组装

打磨之后进行冲洗，将表面的打磨粉尘清理干净（图 6-3-20），然后尝试组装，发现有偏差的地方，再次进行打磨，直至将偏差减少可以完成组装（因为该模型体积较小，且结构多弧面并脆弱，不建议使用锉刀打磨，因为容易发生损坏且可能破坏部件的完整性，这里建议使用海绵砂纸打磨，因为海绵砂纸可以将弧面完全包裹，去除偏差之后，再用水磨高目数砂纸对表面进行打磨，直至平整即可），没有偏差之后就可以组装起来查看整体效果（图 6-3-21）。

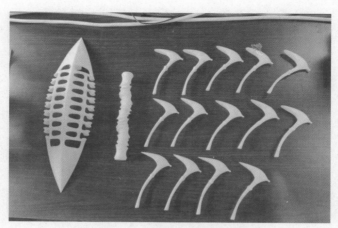

图 6-3-20　零件平面展示图

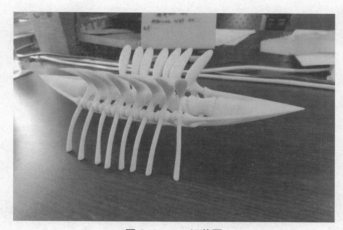

图 6-3-21　组装图

三、爬行机器人打印失败的情况

在打印过程中可能存在打印失败的情况（图 6-3-22），此时在切片软件上检查模型是否存在错误，确保模型没有问题。调整模型摆放角度，适当增加支撑与液位板的接触面积。检查支撑是否阻碍到模型本身。如果对模型精度没有太高要求，可以适当降低切片文件的精度。

图 6-3-22　打印失败的足部部件

注意事项：

①在设备上选择清理刮刀，检查刮刀下是否沾有残渣，用塑料刮板将其清理干净，同时用捞网清理料池表层的残渣。

②在设备上选择料池搅拌，搅拌深度可以在 30% 左右，设备长时间不使用原料可能会产生沉淀，搅拌深度过大可能会将料池残渣带到上层，需要放置一段时间或及时清理。

③不同厂家的设备都有不同的调整参数和方法。可以联系售后人员协助，打印测试工件来观察当前设备参数的偏值，如支撑硬度、工件硬度、液面位置、网板位置等。

④光固化 3D 打印机的使用与环境的温度、湿度以及光照电压等都有关系。从模型、软件操作、光敏树脂使用、打印前、打印过程中、打印后的模型处理，细节上的操作方方面面都要注意。细心做好每个步骤以减少打印失败的概率。最终效果如图 6-3-23 所示。

图 6-3-23　打印最终效果图

参考文献

[1] 周伟民，黄萍. 3D 打印：智造梦工厂 [M]. 上海：上海科学普及出版社，2018.

[2] 张李超，张楠. 3D 打印数据格式 [M]. 武汉：华中科技大学出版社，2019.

[3] 付小兵，黄沙. 生物 3D 打印与再生医学 [M]. 武汉：华中科技大学出版社，2020.

[4] 孟宪明主编. 3D 打印技术概论 [M]. 南京：河海大学出版社，2018.

[5] 杜志忠，陆军华主编. 3D 打印技术 [M]. 杭州：浙江大学出版社，2015.

[6] 沈冰，施侃乐，李冰心，等. 3D 打印一起学 [M]. 上海：上海交通大学出版社，2017.

[7] 史玉升，闫春泽，周燕，等. 3D 打印材料 [M]. 武汉：华中科技大学出版社，2017.

[8] 杨琦，糜娜，曹晶. 3D 打印技术基础及实践 [M]. 合肥：合肥工业大学出版社，2018.

[9] 王毓彤，章峻，司玲，等. 3D 打印成型材料 [M]. 南京：南京师范大学出版社，2016.

[10] 马冀编著. 3D 打印之基础知识 [M]. 乌鲁木齐：新疆文化出版社，2017.

[11] 冯春梅，施建平，李彬，等. 3D 打印成型工艺及技术 [M]. 南京：南京师范大学出版社，2016.

[12] 王广春编著. 3D 打印技术及应用实例 [M]. 北京：机械工业出版社，2016.

[13] 贾一斌，李向丽. 走进 3D 打印的神奇世界 [M]. 北京：知识产权出版社，2016.

[14] 冀胜辉. 3D 打印技术在胸腰段脊柱骨折椎弓根螺钉内固定手术中的应用 [J]. 中国疗养医学，2021，30（09）.

[15] 卢淑萍，陈红玲，肖随贵．基于图像处理的 3D 打印金属微滴运动参数测量 [J]．传感器与微系统，2021，40（08）．

[16] 周祎隆，傅晓红，夏骏．双燃料超大型集装箱船电气设计要点 [J]．船海工程，2021，50（04）．

[17] 辛艳喜，蔡高参，胡彪，等．3D 打印主要成形工艺及其应用进展 [J]．精密成形工程，2021，13（06）．

[18] 意大利和以色列科学家 3D 打印出具有自愈性的水凝胶 [J]．石河子科技，2021（04）．

[19] 郑敏，马志超，孙黎波，等．3D 打印负压引流囊肿塞在下颌骨囊性病变开窗减压术后应用效果研究 [J]．中国实用口腔科杂志，2021，14（04）．

[20] 买合木提·亚库甫，孙琴琴，陈洪涛，等．3D 打印可控式张力带的张力与皮肤缺损模型鼠皮肤再生 [J]．中国组织工程研究，2022，26（03）．

[21] 王凯．现代绿色建筑设计研究 [J]．上海房地，2021（08）．

[22] 杨椿浩，李岩峰，夏冬，等．两种 3D 打印导板在托槽间接粘接中的准确性比较 [J]．中国医学物理学杂志，2021，38（07）．

[23] 代胜歌，赵书朵，袁杰敏．多功能太阳能充电小车的设计与实现 [J]．电动工具，2021（04）．

[24] 陈良波，邱津芳，林鸿录，等．一种智能分类收纳桶的设计与实现 [J]．电动工具，2021（04）．

[25] 艾小华，周梅，姜海涛，等．新型 T-BOX 电磁兼容性测试系统的设计与测试分析 [J]．安全与电磁兼容，2021（04）．

[26] 徐加征，吴利霞，张本军．防雷接地设计中等电位连接的研究 [J]．安全与电磁兼容，2021（04）．

[27] 陈连海．高纬度季冻地区高速公路改扩建工程路面设计方案 [J]．北方交通，2021（08）．

[28] 李爽．BIM 技术在提升公路勘测设计质量中的应用 [J]．北方交通，2021（08）．

[29] 刘毅，李增光，朱兆祯，等．旧路基层实测模量与设计模量的差异对路面受力影响分析 [J]．北方交通，2021（08）．

[30] 任炜．双车道干线公路交通安全设计关键技术研究 [J]．北方交通，2021（08）．